食品分析与检测技术研究

钟　萍　编著

吉林科学技术出版社

图书在版编目（CIP）数据

食品分析与检测技术研究 / 钟萍编著. -- 长春：
吉林科学技术出版社，2019.12
ISBN 978-7-5578-6636-5

Ⅰ．①食… Ⅱ．①钟… Ⅲ．①食品分析－研究②食品
检验－研究 Ⅳ．① TS207.3

中国版本图书馆 CIP 数据核字（2020）第 001419 号

食品分析与检测技术研究 SHIPIN FENXI YU JIANCE JISHU YANJIU

编　著	钟　萍
出 版 人	李　梁
责任编辑	朱　萌
封面设计	刘　华
制　版	王　朋
开　本	185mm×260mm
字　数	210 千字
印　张	9.75
版　次	2019 年 12 月第 1 版
印　次	2019 年 12 月第 1 次印刷
出　版	吉林科学技术出版社
发　行	吉林科学技术出版社
地　址	长春市福祉大路 5788 号出版集团 A 座
邮　编	130118

发行部电话／传真　0431—81629529　　　81629530　　　81629531
　　　　　　　　　　81629532　　　81629533　　　81629534

储运部电话　0431—86059116

编辑部电话　0431—81629517

网　址	www.jlstp.net
印　刷	北京宝莲鸿图科技有限公司
书　号	ISBN 978-7-5578-6636-5
定　价	50.00 元

前　言

随着人们生活水平的不断提高,我国食品和农产品的质量安全监管提出了更高的要求,食品检测技术的发展也受到极大的关注。然而,由于检测程序复杂、检测周期长、检测成本高,以及对检测人员的专业素质要求较高,对现场监督和净空检查的效率受到很大的限制,由于食品安全检测的有效性在充分发挥作用。因此,快速检测技术和样品前处理技术的突破是食品安全检测技术的研究热点。

食品是人类生存和发展的最基本的元素。检测是食品质量和安全控制的重要措施,是监测食品质量和安全的有效手段。目前,我国食品安全检测还处于起步阶段,技术力量相对薄弱。食品安全事故的不断发生,引起人们对食品安全的高度重视。由于食品快速检测质量监督部门的时间短,相关专业力量的不足,以及食品快速检测技术本身的局限性,质检部门也暴露出食品安全快速检测中存在的一些问题。无论是否添加食物,都不可能给出一个相对明确的结论。这是因为高度集中的人口促进了城市食品消费的快速增长,这无疑对食品检测机构的检验和检测能力提出了巨大的挑战。

目前,我国食品安全领域的违法活动发生,食品安全管理的责任不落实,监管工作不到位等。随着近年来食品工业的快速发展,我国食品质量标准和技术标准存在的问题更加突出,存在着一些重叠和混淆的现象,仍然存在一些差距。与此同时,我国食品安全的基础仍然薄弱,违法行为,甚至一些快速检测结果和检测结果与结论相反,能够赶上食品消费的速度,意味着食品安全风险走在了监管前面。提高食品安全保障水平已成为我国经济社会发展的一项重大而紧迫的任务。

食品安全检测范围广泛,涉及多种表面物质的领域。目前,大多数常规快速检测产品在市场上的准确率约为70%,由于生产厂家的快速检测产品,许多产品的快速检测精度不同。随着食品安全和健康指标限值的逐渐降低,对检测技术提出了新的要求。例如,多功能食品快速检测分析仪可以快速、定量地检测食品中农药残留、重金属、食品添加剂和兽药残留等45种有害物质的含量。因此,我们应突出快速检测技术的先进性,掌握检测技术的综合实验,提高企业食品安全管理能力,进一步提高食品安全管理水平。

食品检验技术机构是食品安全监管的技术支持库,是质量监督服务政府、服务社会和服务经济发展的重要手段。缺乏技术支持的行政监督必然是一个较低的监督水平,因此,我们必须严格执行食品检验机构的认证审批,不符合资格标准的植物法律不接受和批准。同时,建立食品质量安全检测检测系统,加强检测信息的动态监督,加强检测质量体系运行的标准化、标准化和信息化,督促检测技术的高技术、快速检测、便携式和信息共享。

食品安全是一项长期而艰巨的工作，需要全社会的共同努力。随着对食品安全需求的不断增加，对食品安全检测技术的研究越来越多，为新的食品检测方法的建立带来了广阔的发展空间。因此，如何保证食品的质量和安全关系到人民的健康，社会的和谐稳定是质量监督体系工作者的责任。

目 录

第一章 食品分析与检测技术理论概述

第一节 食品分析检测技术的进步

当前，随着社会和公众对食品安全问题高度关注，传统的食品检测手段已经不能满足时代的需要，在政府以及相关部门的大力扶持下，食品分析检测技术获得了不断地进步与发展。本节主要针对食品分析检测技术的进步进行分析和阐述，希望给我国相关行业提供参考和借鉴。

近年来，随着我国食品安全事件的频繁发生，食品安全早已经成为社会和公众关注的重要问题。在此背景下，人们对食品分析检测技术也提出更高的要求，我国政府以及相关部门相继出台了一系列方针政策促进食品分析检测技术的进步与发展，并且取得了良好的效果。同时，食品分析检测技术的发展与进步，还有利于规范食品流通市场，避免一些不法现象的出现。社会公众更要提高自身的道德修养和自我保护意识，给予食品安全更多的关注，为我国食品行业的规范发展而共同努力。

一、食品安全问题

近些年，我国各大媒体频繁曝光食品安全问题，公众很容易滋生恐惧心理，进而对和谐社会的构建带来负面影响。尤其一些食品企业为了实现经济效益最大化，通过作假和造假等违法手段生产相关产品，这种行为也对企业形象以及市场信誉带来严重的影响。同时，我国食品分析检测手段难以满足当前的检测需求，存在的问题主要为检测人员意识淡薄、检测设备陈旧、检测技术落后，这些都为食品安全带来严重的隐患。因此，在新时期下，优化食品分析检测技术，已经成为我国相关部门面临的重要问题。

随着我国科学技术的持续发展，很多先进的分析技术逐渐应用于食品检测领域中，在缩短检测时间的同时，降低了人为失误的概率，有效提高了检测结果的准确性和可靠性。同时，随着我国政府和有关部门的高度重视，检测技术也逐渐向简易化、技术化、自动化以及准确化方向发展。

二、微波消解技术的应用

新时期下，随着我国人们生活质量的显著提高，人们对食品安全问题更加重视，但是如何确定以及检测食品中所蕴含的微量元素，样品的前处理工作则是食品检测面临的重要问题。当前，我国主要采用的前处理方法有：湿法分解法、低温灰化法以及高温灰化法等。其中高温灰化法不仅需要样本数量大，同时耗电量大、处理时间较长，对于一些容易挥发的元素，经过长时间的高温等导致检测结果偏低或检测不出来的现象。低温灰化法虽然样本需求量少，但是对检测条件具有较高的要求、设备比较昂贵、灰化时间较长。湿法分解法是当前比较常用的检测方法，但是具有容易污染、消化时间较长以及操作烦琐等缺点。

而微波消解法是一种先进的样品处理技术，其充分结合了微波加热以及高温消解的性能，加热均匀并且加热速度快，样品消解时间只需要短短几分钟。同时，样品用量少，蒸发损失较少，避免在检测过程中生成有害气体，而微波消解法所具备的密闭消解特点，还可以防止易挥发元素在加热中挥发，保证检测结果准确可靠。

当前，微波消解技术与很多检测手段可以结合使用，例如将原子荧光法与微波消解法进行结合，对婴儿食品进行检测，可以有效测定食品中含有的砷和汞含量。又例如微波消解法还可以用于有机物分析中，对样品进行微波萃取，测定肉类食品中含有的氯霉素残留量。

三、免疫分析技术与生物酶法的应用

（一）免疫分析技术

免疫分析技术主要是通过抗体进行测定分析的一种方法，具有容易推广普及、检测成本低、分析量大、方法简洁以及灵敏度高等特点，特别适用于现场对大量样品的快速筛选和分析，对蛋白质、酶以及化合物进行定量以及定性分析。在食品检测中，酶联免疫分析法是当前最为常用的一种技术，其将抗原复合物的催化作用以及免疫反应充分结合，在保证抗体特异性的同时，又提高了酶催化的敏感性，提升了检测的效果和质量。

建立以及完善免疫分析法的内容主要有以下几方面：样本处理方法、抗体测定方法、抗体制备、免疫抗体合成以及选择待测物等。其中，抗体制备具有较大的难度，而随着科学技术的不断发展，免疫分析法获得不断发展与进步，例如生物素 - 亲和素系统以及斑点分析技术，促使检测更加简便、快速以及灵活。

（二）生物酶法

生物酶主要产生于生物体，具有较强的催化功能。当前，在食品生产中，主要采用多肽键水解，它催化蛋白质以及蛋白酶，其存在于微生物中、植物果实中、植物茎叶中以及动物内脏中，通过生物体都可以合成生物酶，具有较高的生产价值。

生物酶不仅可以用于食品发酵，同时还可以用于食品检测。例如，果汁食品中，苹果汁是重要的果汁食品，但是在生产中，很多企业在苹果汁中掺加大量的苹果醋。纯天然苹果汁只含有一种苹果酸，因此，通过测定苹果酸的类型，可以有效分辨苹果汁的质量，而生物酶则是测定苹果汁中苹果醋种类的重要检测方法。

四、电感耦合等离子体质谱法的应用

在我国婴儿食品中，对砷元素的监测十分关键，监测砷元素含量的方法包括：光谱法、砷斑法、银盐法以及质谱法等。银盐法检测程序相对烦琐，存在化学试剂比较多、化学反应不容易控制等缺点。而光谱法检出限低、灵敏度高，已经获得广泛的推广和应用。因此，样品在经过微波消解后，通过光谱法可以有效测定食品中砷元素的含量，进而获得良好的检测效果。

电感耦合等离子体质谱法以独特的接口技术，将电感耦合等离子的高温电力特质与质谱计的灵敏快速扫描优点结合，从而形成了一种具有高敏度特点的分析技术。在实际应用中具有速度快、灵敏度高的特点，对几十个元素的定量测定能够在几分钟之内完成，干扰相对于光谱技术少，谱线简单。不仅能够用于元素分析，也能够快速测定同位素组成，精密度可以控制在 0.1%。

总而言之，我国在食品安全方面主要存在以下几点问题：第一，消费者缺乏食品安全知识，同时对食品安全没有给予充分重视；第二，我国食品检测系统不健全；第三，我国食品安全检测手段相对落后。因此，我国食品监管部门一定要针对存在的问题，应用以及推广先进的监测技术，例如免疫分析、质谱法以及红外光谱等技术。先进的检测技术可以有效缩短检测时间，提高检测的灵敏度和精准。当前，一些检测技术受到诸多因素的限制还无法在食品分析中进行有效推广，但是随着我国科学技术的飞速发展，食品分析检测技术会得到进一步的发展与进步，进而为食品安全提供重要保障。

第二节　食品质量检测技术要点分析

食品安全是社会普遍关注的热点问题。食品出现安全问题，不仅会威胁到消费者的健康，也会削弱我国食品在国际市场上的竞争力。政府和相关部门将食品检测工作落实到位，能够保障食品生产和销售过程中的安全，促进人们的身心健康发展。本节对食品质量检测意义和现状进行分析，并对具体检测技术要点进行论述，为食品检测工作提供借鉴。

食品安全问题与人们的日常生活息息相关。近年来，随着市场经济的快速发展，我国的食品安全问题频发，三聚氰胺奶粉、染色馒头和"毒豆芽"等有毒有害食品流入市场，给人们的健康和安全带来了负面影响。食品安全检测是食品流通中的重要环节。相关职能部门应结合我国当前市场现状，认识到食品安全检测的重要性，并对质量检测体系进行不断完善和升级，为人们营造良好的食品安全卫生环境。

一、食品质量检测的意义

（一）保障消费者健康

食品产业应将消费者的安全和健康作为其运营和发展的首要诉求。食品的生产工序比较多，包括原料加工、包装、运输和出售等。很多生产厂家为保质保鲜，常在食品中添加防腐剂或其他化学物质，食品生产中任一环节出现疏漏，都会导致食品的污染和安全问题，进而对消费者的健康产生严重危害。食品质量检测技术可检测食品是否存在质量问题，进而维护消费者的利益，将食品安全问题降到最低。

（二）提高企业经济效益

食品安全直接影响企业的经济效益。企业应认识到生产绿色安全食品对企业运营和发展的重要性，加强食品质量管理，以获得更广泛的客户基础。应用先进的检测技术对食品进行安全检测，既可对不合格产品进行有效控制，同时有助于降低原材料成本，将企业的市场经济效益发挥到最优。

（三）实现良性竞争

竞争是市场经济环境下的常态，良性的竞争机制有助于推动食品加工企业的快速发展。重视食品质量检测，可保障食品流通的优质性，促进同行业的良性竞争，使食品企业纷纷对食品的生产环节和质量检测环节进行严格控制，并借助优质的商品，获取更加广阔的市场空间。同时，对食品进行全面检测，也能推进食品行业的快速发展，遏制不达标食品流入市场中。

二、我国食品检测现状

（一）供应渠道问题

我国幅员辽阔，人口众多，食品加工原材料的供应渠道较多，呈现不规范状态，很大程度上增加了食品检测难度。部分企业基于自身效益考虑，往往在市场上选择价位较低的劣质原材料。而很多供应商借助内部非法渠道获得原材料的供应权，使食品供应环节混乱、复杂，出现很多不达标食品，食品安全难以保障。

（二）认知度不足

据统计，我国食品行业中，大都属于中小型企业，尤以传统中小型食品企业居多，如小作坊、小面馆和流动摊点等，使食品行业的规范性难以保障。传统中小型食品企业占据了大部分的市场，使消费者对食品生产和加工的要求越来越低，从而淡化了受众的食品安全意识。食品加工企业、商贩、受众都未认识食品质量检测的重要性，也使企业的食品生产和加工过程中的质量检测要求越来越低。近年来，计算机网络技术的快速发展，出现了越来越多的网络外卖，部分以家庭作坊式存在的店家将市场定位在网络上，更增加了食品质量检测的难度。消费者频频爆出盒饭中出现钢丝、虫子等，对消费者的身心健康产生了不良影响。

（三）食品质量检测问题

很多中小型食品加工企业质量检测人员少、检测设备和检测技术等缺失，且缺乏对食品安全和具体检测项目的认知度，制约了食品质量检测工作的推进。部分检测人员虽知道食品中添加了化学物质，但是受技术层面和设备层面的制约，不能对有害物质进行具体的定性和定量分析，导致检测结果模糊，并未发挥实质性作用。

三、食品质量检测技术要点

（一）食品质量检测要点

1. 农药残留物

酶抑制法在食品农药残留物检测中应用比较普遍。该种检测方法相对比较简单，在技术和成本方面具有优越性。涉及的检测设备和材料包括测试纸、测试盒、测试仪等。

2. 生物毒素和人兽病原体

在贝类、藻类和菌类食品中，应对生物毒素进行检测，ELISA 试剂盒在生物毒素检测中应用比较普遍。口蹄疫病毒和水泡性口炎病毒等是食品中常见的人兽病原体，检测人员一般采用随机荧光定量 PCR 检测方法对其进行检测。

3. 微生物致病菌

微生物的种类较多，是食品中的重要组成部分。食品中都不可避免地含有微生物。例如金黄色葡萄球菌、溶血性链球菌等。检测人员应采用具体的检测方法，将微生物致病菌检测工作落实到位。

4. 重金属

重金属检测方法较多，常用的方法有光谱法、活化分析法、电化学法和色谱法等。检测人员要结合具体的食品质量检测情况，对其进行科学合理的应用，以达到良好的检测效果。

（二）食品质量检测技术要点

1. 采集样品

选择代表性样品，并对食品生产日期、保质期、批号等进行记录。随机抽取样品进行检测和反复核对，确保能对该批食品安全情况进行客观反映。同时，也要多次核对食品信息，将食品采样过程中的纰漏降到最低。

保证采样操作过程中的科学性和规范性。结合食品的性质和形态选择合理的采样方法，同时对采样工具进行清洁和消毒。采用不同的采样方式对固态和液态食品进行采样。具体操作：在固态食品各个部位取样、碾压、混合均匀，提取样品；对液态食品进行均匀混合，提取样品；部分食品需要脱水处理后取样。

2. 选择设备

对检测设备进行合理选择，以提高食品检测过程中的准确度。确保操作人员的专业性，操作人员应明确了解不同检测设备的使用方法和注意事项，结合被检食品具体情况对检测设备进行合理选择。检测之前，进行设备校准工作。将设备维护、检查工作等落实到位，将设备检测过程中的失误率降到最低。

3. 选择试剂

食品检测过程中，对试剂的应用等级和范围进行规范，提高检测结果的准确度。严格控制试剂的类型、用量和储存环节。使用过程中，注重对试剂进行质量检查，确保在保质期范围内对试剂进行科学合理的应用。

4. 检测人员

检测结果受检测人员操作技术的影响。检测人员要对食品的质量检测过程进行规范，确保食品质量检测的各个环节都与具体要求相符合。同时，检测人员也应具备丰富的专业知识和技术基础，在标准执行范围内，对检测技术进行科学合理的应用，将食品质量检测效果发挥到最优。

食品质量检测是我国食品行业快速发展的前提和保障，直接关系到人民群众的饮食安全。从业人员要结合当前的食品质量检测要求，对检测技术进行不断的升级和改进，以达到良好的食品质量安全检测效果。同时，及时发现食品质量安全检测过程中存在的问题，并加以解决，为人民群众提供安全优质的食品。

第三节 转基因食品分析检测技术研究进展

在基因工程技术发展的影响下，各国对转基因食品的研发也在不断加快，而转基因食品的出现伴随着食品安全问题，人们对转基因食品的信任度并不高，为了使人们可以对转基因食品进行自主选择，各个国家与组织机构要求企业对生产的转基因产品进行标识，这也对转基因食品分析检测技术提出了更高的要求。本节介绍了转基因食品分析检测技术的内容，探讨其研究进程，并对转基因食品分析检测技术的未来发展进行了展望。

20世纪70年代重组DNA技术的问世将生物技术带进基因工程时代，农业生物技术在世界范围内迅速崛起，转基因植物在全球范围内得到广泛种植，随之而来的转基因食品也迅猛发展。由于转基因生物技术的广泛应用和转基因作物的大规模种植，转基因食品的安全性问题也已引起人们越来越多的关注。

一、转基因食品标识制度与分析检测技术

我国在 2015 年对《食品安全法》的修订中有明确的指示，企业对转基因食品必须按照规定进行标识。目前国际中对于转基因食品标识制度主要分为强制性标识与自愿性标识 2 种。在我国对于转基因食品的标识有着较为严格的法律制度，对于企业生产与经营的产品中转基因食品含量超过阈值必须进行标志。而在一些欧美国家对转基因食品标识没有严格的要求，只对于存有过敏因素的转基因食品进行标记。而在我国产品进口时需要进行严格的分析检测，对于合格的转基因食品批准进口并进行转基因标识，其也是产品流通的关键。由此可见标识的重要性。

而对转基因产品的标识需要通过分析检测来实现，故转基因食品标识制度是转基因食品的重要标签。实际检测能力决定标识制度的建立，定性和定量分析检测技术所达到的检测限为标识制度提供科学依据；然而在实际检验检疫工作中标识制度是通过检测技术来实现的。因此，标识制度与分析检测技术的关系十分密切，二者相互影响，相互作用。

二、转基因食品问题现状

（一）转基因食品概述

在基因工程中，利用 DNA 重组技术将外源性基因转移到其他生物体中，使生物体显现出特殊的遗传特征与生物性状，得到新的基因重组的生物体就是转基因的内容。而所谓转基因食品则是应用这些特殊的生物体进行加工而成的食品。

转基因在某种程度上只是利用外源性基因加快生物体的生长进程，在基因工程中，转基因食品主要是为了缩短作物生长周期、增加作物产量、增加抗病虫害能力，从而有效降低生产成本，提高作物的生产效益。在目前的转基因研究中，并没有发现食品中含有大量的毒素。但是由于转基因食品属于人工制造的外来生物体而非自然选择生成的物种，在基因漂流的过程中产生的基因序列的改变无法完全地进行掌握，外源性基因在与 DNA 进行重组时存在着不可控制的性状，因而对转基因食品的安全性也无法进行确切的定论。

（二）转基因食品存在的问题

转基因食品自出现开始便成了一种非常具有争议的食品，越来越多的转基因食品流入市场与媒体的发酵使人们对转基因食品的安全性有了很大的质疑。而在转基因食品安全的问题上，目前还没有严谨的科学结论与研究报告对其安全性给出确切的证据结论，其存在的问题主要有以下几个方面。

第一，转基因食品是由基因植入及基因重组形成的新的生物体，其原本具有的结构与成分是否发生了变化；第二，转基因食品不是自然界生成的产物，食用转基因食品是否会对人体产生负面影响，长期食用是否会有毒素的积累，对人体的发育生长有什么影响；第三，转基因作物不是在自然选择下出现的产物，其是否会对生物链有影响，是否会破坏生

态平衡；第四，转基因作物是基因流动下的产物，这种情况下是否会出现基因污染的情况，波及其他自然界的作物，使其基因发生改变。

由于上述这些问题并没有得到有效的解决，因而才迫切需要完整、准确、严谨的转基因食品分析检测技术对其安全性进行保证，从而进一步完善我国转基因食品监管方面的科学规范。

（三）转基因食品检测技术的内容和分类

目前，对于转基因食品的安全性主要依靠转基因食品分析检测来进行测定。而在转基因食品的分析检测过程中，主要是对 DNA、蛋白质及核酸这 3 类物质进行测定，可以根据这 3 类物质分成 3 个种类的检测方法，在实际情况中可以根据需要进行检测方法的联用。由于蛋白质水平检测方法仅适用于未进行加工的食品检测和新鲜食品范围，具有较大的局限性，因而现阶段外源基因测定方法的使用范围较为广泛。

三、转基因食品检测技术的研究进展

（一）蛋白质印迹检测技术

蛋白质印迹检测主要是利用聚丙烯酰氨凝胶电泳对转基因食品外源蛋白质进行分离，并与显色酶反应进行结合，从而使外源蛋白质可以有效地进行分离检测。这种检测方法主要是对转基因食品中不可溶蛋白质进行分析，检测在转基因食品中的蛋白质含量，并与蛋白质预定限值进行比对。

（二）复合扩增 PCR 检测技术

目前在转基因食品检测中多重 PCR 检测技术是一种被广泛使用的检测手段。PCR（聚合酶链式反应）一般只能对 1 个 DNA 片段进行放大扩增检测。为了能在转基因食品检测中获得更全面的基因序列信息，在进行基因检测时利用 PCR 反应原理进行多重检测，由此形成了复合扩增 PCR 转基因食品检测技术。这种检测技术的应用可以有效提升检测效率，并且可以对基因序列多个靶位点同时进行检测，实现转基因食品检测的准确性与可靠性。

（三）外源 DNA 检测技术

转基因食品主要是将外源 DNA 导入生物体中，而对外源 DNA 的检测主要是对植入的 DNA 片段进行转基因食品基因序列特征的检测，以转基因食品 DNA 序列作为检测目的，转基因食品核酸水平检测作为最主要的转基因产品检测技术，其主要检测启动子、基因和终止子，便于检测转基因食品。

（四）基因芯片检测技术

基因芯片是对转基因生物体的基因组序列进行测定，通过将转基因食品的 DNA 有规律排布在硅片或是玻片上形成微距阵。通过对基因芯片上的基因序列进行计算机软件的计算处理，从而获得转基因食品的基因特征与生物信息，这种方法可以准确有效地对转基因生物体的基因表达特征进行检测。

（五）LAMP 检测技术

LAMP（环介导等温扩增）技术是众多核苷酸扩增技术中的一种，这种技术在使用时没有特定的环境条件要求，只需要在恒温状态下就可以进行检测试验，操作技术较为简单。LAMP 检测技术主要是利用显色反应对转基因生物体进行观察，并且利用浊度仪对其在反应过程中产生的沉淀物进行检测判断，是一种较为简单的检测技术。

（六）联用检测技术

联用检测技术主要是集合多种检测技术的优点对转基因食品进行有效的分析检测，这样可以起到取长补短的作用。在基因检测中，现有的联用检测技术有 PCR 技术与酶联免疫吸附法的结合使用等方法。

转基因食品分析检测技术主要是对转基因食品的安全进行评价。目前，转基因食品分析检测技术有多种，由于转基因食品的基因片段不同，因而采用的检测技术也需要依据实际需求进行选择，确保检测技术的有效性。在未来市场上会出现越来越多的转基因食品，分析检测技术作为其中重要的检测手段也必定会有新的发展。

第四节　环境与食品安全快速检测技术

现如今，随着我国社会的不断发展与进步，环境污染问题以及食品安全问题作为制约我国经济社会发展的两大重要问题，正在极大程度上引起了国家和社会的高度重视。同时环境污染问题以及食品安全问题的出现也给人们的身体健康带来了严重威胁。因此将快速检测技术引入到环境与食品安全当中就具有重要的意义，进而为环境保护以及食品安全提供保障。本节主要针对环境与食品安全快速检测技术进行分析，进而为消费者不断提供安全健康的食品，为人们的身体健康提供保障。

一、样品前处理技术

现如今，随着我国环境问题以及食品安全问题出现的概率逐渐提升，因此改善生态环境以及保障食品安全便成为我国经济社会发展的重中之重。针对这些问题，采取科学、高效的快速检测技术就变得至关重要。环境以及食品的样品在被检测的时候容易受到很多物质的干扰，并且被检测物的浓度较低，进而导致在检测的过程中极易受到环境的影响，因此对于环境与食品安全的快速检测技术来说，首先要采取高效、快速的样品前处理技术。传统的样品处理技术通常会采用萃取、蒸馏、吸附以及沉淀等工艺，这种处理方法在展示了其应用可靠性的同时，也不断提高了回收率。但是在这种处理技术应用的过程中，也存在着一定的弊端，那就是所处理的时间相对较长，并且操作起来较为复杂，对于有机溶液的消耗也相对较多，这些弊端的出现也对环境和食品安全检测样品前的处理进行限制。因此开展新型的样品前处理技术便具有了重要的意义，其中微波萃取、固相萃取以及超声萃取等新新型技术也在不断应用到样品前处理当中，进而为快速检测技术的开展奠定基础。

微波萃取主要通过微波对加速溶剂进行加热，进而对固体样品中的萃取物进行萃取。微波加热的主要特点便是效率高且加热均匀。由于物料介电性质的不同，其所呈现出的加热特点也存在差异，微波能的吸收以及升温速度与溶质、溶剂的极性成正比，同时对于一些不吸收微波的非极性溶剂来说，微波的加热作用基本不存在。

对于固相萃取技术来说，其主要根据液相色谱理论进而对样品进行分离以及纯化。这种萃取技术在样品前处理当中极具吸引力，并且在其应用的过程中效率较高、可靠性较明显以及溶剂用量相对较少，因此在环境以及食品领域的应用较为广泛。但是在其应用的过程中也存在着一定的不足，其应用范围易受到限制，将这种技术与其他检测技术相结合还有待深入研究。其次，由于商品化纤维的种类相对较少，且易发生破碎，进而在极大程度上对该技术的应用进行选择。

再次，对于超声萃取技术来说，这种技术对于设备的要求较为简单，在环境样品的预处理当中，主要针对土壤、沉积物以及污泥样品中的有机污染物进行萃取与分离，在萃取分离的过程中，能够优化溶液用量以及超声时间，进而有效地提高了萃取效率。其次将超声萃取技术应用到食品样品预处理当中，一次可以对几十份样品进行处理，其操作起来也相对简单，并且精确度以及准确度都得到了满足。

二、快速分析方法

对于快速分析方法来说，其主要包括电化学分析方法、光度分析方法以及生物学方法等多种技术方法。其中膜电极法作为电化学分析方法的一种，在快速检测技术中的应用较为广泛，在膜电极法中 PH 玻璃电极的应用时间较长。PH 玻璃电极能够将玻璃电极以及参比电极之间的电位差进行测定与分离，从而更加便捷的将溶液中的 pH 值测出来。随着科技时代的不断发展，晶体膜电极、载体电极以及气敏电极也被逐渐的引入其中，并且在环境和食品安全检测中的应用也逐渐广泛。其次对于光度分析法来说，其主要包括荧光光度分析法以及化学发光分析法。其中荧光光度分析法的优点主要是选择性较为良好且灵敏度较高，进而其应用较为广泛。化学光分析的方法主要以化学反应产生的辐射光强度以及相应的辐射总量为基础，进而对相应组分的含量进行确定。再次，生化分析方法在快速检测技术中的应用也十分广泛，其中对于生化培养法来说，可以对致病菌进行有效的培养，进而打破了传统试剂配制的弊端，从而不断促进快速检测技术的应用。

综上所述，随着时代的不断发展与进步，环境问题与食品安全问题已经越来越引起人们的广泛关注。因此将快速检测技术应用到环境与食品领域，可以有效地提升环境以及食品的检测效率，进而为环境的有效改善以及食品安全的保障奠定了坚实的基础。

第五节　食品安全检测中快速检测技术

现如今，食品的安全问题是一个非常重要的问题，它对于人民群众的生命安全以及身体健康来说是有直接影响作用的，因此我们必须要控制好食品的安全，这就导致了食品的监管水平有了更深层次的要求，食品的安全监管肩负了更大的责任。在十八大之后，我国就开始对食品监管进行改革，为了提升食品监管的技术水平，引入快速检测技术，利用食品的快速检测技术来对食品的安全进行检测。食品的快速检测技术能够满足食品监管中对于方便、灵敏、准确以及快捷的全部需求，是一个非常实用的监管技术。

一、食品安全检测中常见检测法和食物的检测指标类别

（一）酶联免疫吸附剂敏感测定法

在酶联免疫吸附剂敏感测定法测定方法的运用下，通常情况下检测人员便不再需要依赖检测仪器和设备对食物进行检测，这项检测技术是专门应对一些过去检测过程烦琐的食物，这项技术诞生于 20 世纪 90 年代后期，这项技术在食物检测期间不论速度还是质量都有着较高的保障，这项技术不论是在当代还是 80 时代都是一项被广泛使用的食品检测技术，这项技术的真正重点在于其检测样本在之后的食物检测工作中被当作范本并被普及应用。

（二）食物测频检测法

这项检测技术在应用中将食物的抗原体和食物的抗体结合至另一载体上，再经由食品检测人员将该食物的受检抗原体提取，然后将二者进行融合并观察两种抗体在融合之后的反应，最后是对检测后的抗体进行定量分析，检测不适的抗体会出现诸如食物检测频率超标的情况出现，检测人员在此基础上对检测频率进行放大处理，让食物在最后的敏感度检测中得以全面的检测。

（三）食物检测的重要指标之一兽药残留

兽药残留是一种肉类检测中常见的肉指标超标现象，由于通常这类超标现象种类较多的原因，因此本节只针对一种肉类进行探讨和分析，肉类的检测方法通常很简单，食物检测人员可利用上面两种方法的任意一种都可对其指标进行检测，超标的肉类通常是在人使用后二十四小时内导致人体慢性或是急性中毒，肉类的检测法主要是依据酶联免疫吸附剂敏感测定法中的化学方法进行检测。

（四）食物检测的重要指标之二急性中毒

食物的检测方法多种多样，但是归咎其中最重要的一点便是对食物检测过程的提速，

食物检测中有效提升速度可同时提高食物检测的质量。真菌毒素可有效控制人体内部的急性食物中毒，这种化学用剂推动了我国食品安全检测工作的快速发展，并为我国急性中毒的救治工作做出了突出的贡献。

二、在食品安全检测中快速检测技术的应用

（一）生物传感器检测病菌

俗话说，"病从口入"，如果食品销售商采购了被病菌污染的食物，消费者就要遭殃。近年来比较有影响的食品危机事件，比如疯牛病、禽流感、非典，都与食品携带的病毒有关。目前，我国传统的食品检测主要通过感官、物理化学或者生物检测的途径开展，检测量小，效率低。就拿传统的生物检测技术来说，通常要进行微生物培养，少则二三天，多则一个星期，才会有结果。等结果出来了，往往灾情已经发生了。因此，开发快速的检测方法是很必要的。

（二）快速检验纸片及质谱仪检测

目前已经有许多微生物检测纸片，可分别检测菌落总数、大肠菌群、霉菌、沙门菌、葡萄球菌等，美国 3M 公司生产的 PF（Petri1m）试纸还加入了染色剂、显色剂，增强了效果，而且避免了热琼脂法不适宜受损细菌，恢复的缺陷。三聚氰胺是生产塑料、阻燃剂和其他产品常用的工业化学品，禁止用于食品和动物饲料中。三聚氰胺是一种含有氮杂环的化工原料，添加这种化工原料的食物可以在仪器检测时显示含有更多的蛋白质。然而，三聚氰胺却会带来恶果，让人或其他动物食用之后出现肾结石，导致肾衰竭。美国国家食品安全与技术中心借助三重四极杆质谱仪的先进分析技术，建立了一个新的液相色谱——串联质谱方法测定食品中的三聚氰胺，这种新方法使得动物组织等复杂样品的快速和有效分析更容易测定食品中的三聚氰胺残留的现有方法，是由位于丹佛的美国食品药品监督管理局动物药物研究中心建立的。这种检测方法灵敏度高，并且非常耐用。

（三）多功能食品安全快速检测仪

多功能食品安全快速检测仪，是以朗伯比耳定律为理论基础，基于物质对光的选择吸收而建立起来的分析方法也参考了国家标准所涉及分光光度法的 28 类食品检测方法，北京普析通用仪器有限责任公司生产的 PORS—15F 多功能食品安全快速检测仪是其中应用效果较好的仪器。该仪器为小型便携式快速测量仪器，最快 0.0055s 可完成全波段光谱扫描体积小，重量轻（仅 1.5kg），是业内最小的扫描型紫外可见光谱仪。便于携带，可方便地进行手持操作仪器除具有食品测量专用软件，用作甲醛、吊白块、亚硝酸盐、无机砷、蛋白质等日常检测项目的测量，适用于米、面、豆制类、水产品类、肉类及肉制品类、蔬菜及腐竹、粉丝、果条榨菜类、糖类、油类、奶制品类等 15 大类，完全覆盖日常监测项目。而且还留有拓展其他项目的余地。除此之外，仪器还具备光谱扫描、时间扫描、定量测定、

光度测量等常规功能能满足实验室环境下使用,特别适合于作为现场实时检测的专用仪器。自主研制的新型高防腐光纤探头测定模式,并兼容传统模式:可直接插入样品溶液进行测量,无须专用比色管、比色皿、测量更加简单、快速。

综上所述,伴随着科学技术的不断发展,食品安全中的快速检测方法也有了很大程度上的提升,它对于食品安全监管来说是非常重要的一个技术。从长远的发展我们可以看出,食品的快速检测方法能够通过计算机技术、自动化技术以及分子生物学等科学技术的协助起到更大的作用。所以说我们应该科学的建立食品安全的快速检测方法,对食品的生产运输以及销售的过程进行严格的监管作用。食品快速检测技术的发展,不单单是对传统的食品安全技术的一个完善和提升,也是对我们的食品安全质量的一个保障,它能够带动整个食品工业的健康、快速发展,并且提升了人们的生活质量,满足了人们对健康水平的需要。

第六节 食品质量安全检测与控制技术评价体系构建

在食品质量安全检测与控制的过程中,检测方式与控制方法的选择较为重要,是保证更好地实施工作的前提。为了促进检测与控制方式合理选择,我国已经开始创建评价体系,但还没有系统化评价方法,缺乏合理的管理与控制,不能及时发现检测与控制方面技术问题,严重影响工作效果。因此,未来发展需总结丰富经验,协调各方面评价工作与管理技术之间的关系,在合理管理与控制的情况下,更好地实现食品质量安全检测与控制技术评价目的。

对于食品质量安全检测与控制技术评价而言,在实际工作中,需结合当前的实际状况,创建合理的管理机制,明确各方面工作内容与要求,并全面提升整体工作的可靠性与有效性,达到预期的工作目的。

一、食品质量安全检测与控制技术评价分析

目前,在我国食品管理工作实际发展的过程中,已经开始针对检测与控制技术进行评价,并形成一定的发展机制。具体表现为:

(一)检测技术评价分析

通常情况下,在食品质量安全检测工作中所使用的方法较为烦琐,且要根据当前的实际情况明确检测条件与精度,并筛选相应的方式。在样品处理工作中,最为基础的就是选择简单有效的处理方式,且准确性较高,可以进行重复检测,并全面降低自身的工作成本,提升工作的可靠性与有效性。在此期间,可以通过评价方式明确检测方式的实际情况,例如:在蔬菜水果检测工作中,选择了评价方式,对检测方式的灵敏度与精确度等进行评价,明确检测方式是否符合规定。且在食品生物胺检测的过程中,可以选择多种检测方式,经

过经济学与灵敏度的对比分析，可以选择柱前衍生剂进行处理，并在先进检测方法的支持下，形成界定试验机制，更好地检测食品中的细菌成分。同时，在使用评价方式的过程中，还可以针对检测方式的准确性进行合理分析，了解具体的检测内容与要求，并形成良好的工作体系，满足当前的实际发展需求。

（二）控制技术评价分析

对于食品安全问题而言具备复杂的特点，然而，我国在食品安全控制技术方面还停留在理论分析中，主要为风险理论、现代控制理论等，不利于更好地进行规范操作。且在实际评价期间，未能总结丰富的经验，无法针对各方面的质量安全控制因素进行合理分析，在缺乏了解与掌控的情况下，不能创建与协调各方面工作之间的关系，严重影响食品质量与安全检测技术的评价效果。当前国际通用的质量安全控制技术，对产品质量安全控制起到重要作用，通过 GMP 与 SSOP 之间的相互协调，可筛选最佳的评价控制与分析方式，并积极借鉴先进的经验与做法，创建现代化的分析管理机制，全面优化整体工作方式与方法，创建现代化的评价分析系统。

二、食品质量安全检测与控制技术评价体系的构建

在我国食品质量安全检测与控制技术评价的过程中，需构建完善的体系，明确各方面的工作目的与要求，并形成良好的分析与探讨机制，确保在新时期发展的背景下全面提升整体工作综合水平与质量，满足当前的实际发展与进步需求。

（一）遵循指标体系原则

在构建评价体系期间，需要遵循指标体系方面的原则，确保增强评价体系的构建效果。第一，需保证体系的科学性，兼顾各方面的内容，融合定性分析方式与定量分析方式，将理论知识应用在实践操作中，并保证评价结果的科学性。第二，需遵循通用性的原则，将技术分析与应用结合在一起，在多个角度分析问题的情况下，使得评价结果与实际状况相符合，并提升整体操作性。第三，需保证评价工作的可比性，针对评价结果的优势与劣势进行对比，并实现指标的合理计算与控制，在量化设置权重的基础上，能够更好地提升评价结果使用效果。

（二）技术流程分析

在构建评价体系期间，需明确具体的目标与对象，遵循指标原则，完善技术流程。第一，在评价期间需分析与归纳具体要素，使用理论分析的方式，及时发现其中重叠问题与独立指标问题，采取合理的措施进行剔除，还要去除其中的定性与定量接近性指标内容，创建指标库，以便于开展评价工作。第二，在创建评价指标体系的过程中，需全面分析技术性与经济性特点，确保评价体系具备一定的适用性优势，可创建准则层面，更好的搭建指标体系与框架，在相应指标的支持下创建小组发展机制，筛选最佳的小组指标，以此提

升整体工作效果。第三，需针对评价指标内容进行合理的优化，结合定性与定量评价方式，并了解具体的层次深度，在每层指标全面优化的情况下，更好地进行检查，并集成技术评价指标体系，全面提升整体工作效果。第四，需明确评价指标的权重，根据当前的实际情况，提升指标体系的可操作性，并针对中间各个层面之间的关系进行处理，在此期间可以使用专家打分的方式明确指标权重，以此提升整体评价与管理工作水平，满足当前的实际发展需求。

（三）落实评价体系的构建要求

在食品质量安全检测与控制技术评价体系实际构建过程中，需全面落实具体要求，在统计分析过程中，筛选能够高度反应具体检测控制技术成效的评价指标，并构建完善管理体系，使用专家打分方式过程中，可实现监控领域研究目的，并在技术创新与评价期间，合理进行调查与分析，明确指标权重数据信息。

1. 需创建指标体系

在创建指标体系期间，需建立三个 T 级指标，9 个二级指标，6 个三级指标。在各个指标的支持下，更好地界定权重，并在特定检测的环境中，如果可以全面提升准确性与精确度，并针对样品最低浓度进行检测，就可以选择检测控制技术方式应用在食品质量安全管理中。为了更好地进行分析与理解，在创建指标体系的过程中，还需明确各方面的工作目的与要求，根据当前的发展需求，协调各方面工作之间的关系，以提升整体检测工作效果。

2. 控制技术指标体系的合理构建

在安全控制技术方面，在构建评价指标体系的时候，应创建 3 个一级指标体系，5 个二级指标体系，根据各方面的指标数据信息，更好地对控制技术进行评价。通常情况下，食品质量安全控制技术，能够在食品加工期间发现质量问题，在合理控制的情况下提升食品的生产质量，具备一定时效性优势。但是，在实际应用期间会出现负面影响，不能保证各方面的生产质量与安全性。因此，在选择控制技术期间，需进行合理的评价，制定完善的评价方案，总结更加丰富的工作经验，从多个角度出发考虑问题，创新整体工作方式与方法。另外，在控制技术检测工作中，可实现控制技术评价管理目的，创建综合性与多元化的评价工作模式，保证各方面工作符合规定与要求。

在食品质量安全检测与控制技术评价过程中，需合理使用先进的评价方式，构建现代化评价工作体系，在合理控制与协调的工作中，创新评价方式方法，更好地完成当前任务，以此提升整体工作效果，达到预期的评价目的。

第二章 食品检测技术分析

第一节 食品添加剂检测技术分析

现代市场中的食品或多或少都含有一定添加剂，其主要作用是调节食物的口感，同时起到防腐的作用，适量的食品添加剂对人体没有危害，但是如果过量使用会对人体产生不利影响。为保证食品安全，对食品添加剂进行检测具有重要作用。

一、食品添加剂检测技术应用的必要性

食品安全是关系民生的重要问题，食品安全问题不断发生，给社会主义建设带来一定挑战。各个部门应当加强对市场管理和监管水平，为人们提供一个安全的食品环境。这要求必须对市场中的食品添加剂进行检测，通过科学技术检测判断出食品的添加剂是否具有毒性，是否在食品中产生不良反应，同时确定食品中添加剂的含量的是否处于规定范围内，只有对食品含有添加剂进行检测才能实现食品安全，保障人们身体健康不受伤害。

二、食品添加剂检测技术

高效液相色谱法。高效液相色谱法在宏观角度上是色谱分析法中一种，这一技术是早期由经典液相色谱法和气相色谱演变而来，属于新型的分离分析技术。这一技术出现以后较之以前的技术具有分离性能高、分析效率快、检测灵敏性更加优良的优点，同时这一技术还能够分析高沸点但是不会气化的不稳定物质，所以这一技术在当时受到广泛欢迎和推广，在生物化学、食品检测以及临床等方面都起到重要作用。随着不断发展，色谱技术不断提高，各种软件不断涌现，并且与质谱仪器等实现结合使用，这一发展促使高效液相色谱法应用范围更加广泛，同时有效提高检测极限。

（一）气相色谱法

气相色谱法这一技术原理是流动相为气相的层分析形式，是最常用的技术分析手段。这一技术主要应用于分子量小于 1000 同时沸点在 350℃以下的化合物中。气相色谱法进行检测时，样品是在气相中完成交换和分离功能，这一措施使二相中的分离测定物交换速率得到广泛提高，并且层析柱达到比较长的长度，所以这一环节的分离效率和分离质量高于液相层。

随着技术不断优化的完善，各种高灵敏检测仪器被广泛应用到食品校测工作中，这些机器的投入使用，需要选择比较粗的层析柱，增加样品的加样量，在检测过程中，其灵敏度要比液相层析和气相色谱的灵敏度都要高一些。这一技术被广泛应用于食品微量成分检测中，沸点比较低的食品一般也会采用这以技术进行分析，比如说经常使用的香料等。

（二）紫外可见分光光度计

紫外可见分光光度计技术是一种传统的样品分析技术，这一技术在现代科技社会形成的高技术产品，其集光、机、电以及计算机为一体，应用范围非常广，比如医疗卫生、食品检测、生物化学以及环境保护等方面都有广泛应用。在食品检测中的应用主要测定食品中甜蜜素、硝酸盐等物质。

（三）薄层层析

薄层层析也是色谱法中一部分，这一技术特点是能够快速分离和定性分析少量的物质，这一技术的使用具有重要开创性。薄层层析技术既具有柱色谱和纸色谱的优势，同时又具有自身独特的优点，属于固—液吸附色谱。这一技术在检测分析工作中只需少量的样品即可进行分离操作，另外制作薄层板时，可以适当加大加厚吸附层，可以用其精制样品。这一方法的出现对挥发性比较小的或者在高温下容易发生变化的物质。

（四）毛细管电泳技术

当前社会中，食品具有多样性和复杂性，所以食品添加剂的监测技术也应当不断进行完善，适用的食品分析技术能够满足不同的食品检测的需求，同时还能实现对同一物质的不同组分进行测定。毛细管电泳技术因为具有不同的分离模式所以其应用范围非常广泛，在进行食品检测中防腐剂、甜味剂、色素等物质都可以进行检测。

技术的不断发展促使商品仪器不断改进，因此已经出现自动进样器以及灵敏度比较高的检测器等，这些商品技术与毛细管电泳技术相结合，有效提高检测的精确度，同时顺利完成连续自动进样和在线分析技术。进行检测中综合运用质谱、核磁共振等技术，将高效毛细管电泳技术的高效分离效率充分表现出来，提高灵敏度和定性鉴定的能力，在最短时间内完成对复杂成分的分离与鉴定，为食品安全监测提供有效方法。

（五）离子色谱法

离子色谱法的应用可以分析物质中无机阴离子和阳离子，同时还可以分析物质中的生化物质。在食品检测中这一技术主要用于检测食品中的防腐剂和酸味剂等添加剂。

食品添加剂是现代食品中的不可或缺的物质，与人们的生活具有密切关系，保证食品安全有利于社会建设和发展。当前我国的食品添加剂在检测方面相对已经比较成熟，但是食品安全频发，新的食品添加剂不断出现，食品检验标准没有得到补充，在一定程度上存在安全隐患。加快食品检测技术研究，综合利用各种检测技术，保证的食品安全是当前建设的重要内容之一。

第二节　食品中非法添加物检测及分析

近年来，食品非法添加物比如苏丹红、三聚氰胺等造成了恶劣的社会影响。为了降低这类安全问题发生率，必须要提高在食品中非法添加物检测及分析方面重视度，借助相应的技术措施，提高食品中非法添加物检测和分析有效性，保证人们的食品安全和健康。

一、常规检测技术

分光光度法。分光光度法在食品检测方面有着非常广泛的应用，具有设备简单、准确度高、适用范围广的特点。水产中经常会添加有甲醛等非法添加物，延长水产保鲜期，根据水产行业《水产品中甲醛的测定》，选择分光光度法作为第一法。硫化钠在味精生产工艺方面有广泛应用，当前将其列为违法添加物，目前我国缺乏专门的味精硫化钠检测方法，将分光光度法应用在硫化钠检测中，能够提供方法基础。

气相色谱与气相色谱-质谱联用技术。气相色谱技术（GC）在农药残留等检测方面有广泛应用，敌敌畏等属于剧毒性农药，部分商家为了保险腌制品等，将敌敌畏等药物添加在食品加工中。国家标准中，关于有机磷农药的检测，以GC法作为首选方法。富马酸二甲酯属于一种较为常见的非法添加物，在糕点类食品防腐方面有广泛应用，分光光度法等检测方法在富马酸二甲酯检测方法会受到糕点油脂和色素等因素干扰，降低检测结果稳定性，GC检测方法已经成为当前富马酸二甲酯主要检测方法，有着简便快捷、结果准确等优势。将气相色谱-质谱联用技术能够使整个检测工作的灵敏度和选择性得到进一步提升，将其应用在有机磷农药等检测方面，可以为非法添加物的定性检测提供一种安全有效的检测方法。

二、食品中非法添加物新型检测方法

免疫检测法。免疫检测法在实际应用中有着特异性强、分析容量大等优势，已经发展成为食品安全快速筛查主流研究方向，在食品农药残留、苏丹红检测等方面有着非常广泛应用。免疫检测法中酶联免疫吸附检测法最为常用，在氯霉素含量检测方面有着非常好的应用效果。免疫检测法在实际应用中还存在有一定的不足，比如说抗体制备复杂、检测目标单一等。

拉曼光谱法。拉曼光谱法有着快速、无损、安全特点，在实际应用中不需要制备试样、不需要消耗化学试剂，当前在非法添加物、果蔬农药残留等检测中发挥非常重要作用。拉曼光谱法在实际应用中同样存在有一定的缺陷，整个检测工作容易受荧光干扰，准确性、检测效率还需要进一步提高。

生物传感器。生物传感器属于一种生物敏感部件与转换器相结合的分析装置，被广泛应用在有机磷农药分析中。生物敏感部件在实际应用中对生物活性物质以及特定化学物质存在有明显的可逆性和选择性，利用 pH、电导等参数的测量分析农药残留情况。生物传感器技术还能应用在肉制品抗生素、亚硝酸盐等检测方面，但因为处于研究阶段，检测结果的稳定性和准确性还无法得到有效保证。

三、非法添加物分析前处理技术

非法添加物检测前，一般需要对样品进行提取和浓缩等处理，食品基质存在有复杂多样性特点，样品处理技术直接影响到检测效率以及准确性。在样品分析之前，需要结合样品性质、检测要求等悬着合适的仪器和方法，实现对检验对象的快速准确分析。

常规提取、浓缩方法。食品中非法添加物的检测，首先需要对其提取、净化和浓缩处理。常用提取方法有溶剂浸提法等，利用乙醇等有机溶剂提取目标物，之后利用旋转蒸发仪等设备浓缩。在溶剂浸提过程中，还可以应用有微波、超声波等辅助手段，提高提取效率，属于一种重要前处理方法。

加速溶剂萃取法。加速溶剂萃取法在固体和半固体样品处理方面有广泛应用，需要在高压和高温条件下，利用有机溶剂提取目标物，有机溶剂用量少，提取速度快。相比于溶剂浸提法，加速溶剂萃取方式不需要花费过长时间，有着非常高提取效率，各项技术指标能够满足农药残留检测实际需要。

固相萃取法。固相萃取法属于一种新的色谱样品前处理方法，主要是利用固体吸附剂吸附样品中的目标化合物，实现目标与基样相互分离，固相萃取法在农药、三聚氰胺等检测方面有着非常广泛的应用。相比于传统萃取法，固相萃取法在实际应用中能够避免溶剂浸提法一些缺陷，整个萃取过程简单、快速，不会对人体和环境造成过大影响。

当前非法添加物的检测以化学仪器检测方式为主，随着免疫检测法等检测技术的发展，实际检测中需要结合非法添加物化学性质有针对性地选择检测方法，未来非法添加物检测需要向着低成本、高效、准确方面发展，样品前处理技术同样需要向着快速、精确、自动化方向发展，减少各类人为因素影响所产生的误差。

第三节　食品中农药残留检测技术的分析

农药大量和不合理使用所造成的环境污染问题，以及农产品中的农药残留问题，越来越受到各国政府和公众的关注。随着国外不断发布更加严格的农药残留最大允许限量，我国农产品、食品进出口贸易正面临严重的农残困扰。农药残留检测是对痕量组分的分析技术，要求检测方法具有精细的操作手段、更高的灵敏度和更强的特异性。农药残留分析的全过程可以分为样本采集、制备、贮藏、提取、净化、浓缩和测定等步骤及对残留农药的确证。本节分别从技术的现状与发展方向进行阐述。

随着人们生活水平的提高，由农药残留引起的食品安全问题也越来越受到人们的关注，对农药残留的监测手段和检测水平提出了更高的要求，一方面促进了农药残留快速检测方法的研究，使农药残留检测技术朝着更加快速、方便的方向发展；另一方面有推动仪器检测技术的发展，使检测结果更加准确、灵敏。农药残留快速检测和仪器检测技术都得到快速的发展。

一、食品中农药残留现状

农作物在生长过程中极易受到病虫害、杂草等的影响，因此农民在管理农作物的过程中会根据农作物的生长情况进行防病虫害、杂草的治理，农药就是农民用于防治病虫害、杂草最重要的"武器"，对促进农业增产有十分重要的作用。但农民在使用农药时缺乏科学的指导，常出现不合理的现象，导致农药污染问题，食品中农药残留量超标现象也十分普遍，严重影响人们的身体健康，因此必须严格检测食品中农药残留，防止超标农药对人体的危害。

二、农药残留快速检测技术

（一）色谱法

色谱法是检测食品中是否有农药残留的主要手段，可对农药的多残留进行分析，色谱法主要有气相色谱法、高效液相色谱法和超临界流体色谱法。高效液相色谱法是20世纪60年代后兴起的一种分离、分析检测技术，经多年的实践、改进、完善，高效液相色谱法在食品农药残留中应用也非常广泛，高效液相色谱法分离效果好，检测速度快，应用于多种农药残留检测。超临界流体色谱法是近几年才发展起来的新型食品农药残留检测技术，主要用于检测高沸点且不挥发的试样，分离效率比高效液相色谱法更高，主要应用于提取和检测食品中农药残留，是目前我国食品农药残留检测中发展趋势最好的检测技术。

（二）生物传感器法

生物传感器法是目前农药残留速测技术中的研究热点，是由一种生物敏感部件与转换器紧密配合的分析装置，这种生物敏感部件对特定化学物质或生物活性物质具有选择性和可逆响应，通过测定pH、电导等物理化学信号的变化，即可测得农药残留量。利用农药对靶标酶（如乙酰胆碱酯酶）活性的抑制作用，利用复合纳米颗粒及纳米结构增强酶电极的性能并以生物活性单元（如：酶、蛋白质、DNA、抗体、抗原、生物膜等）作为敏感基元，对被分析物具有高度选择性的现代化分析仪器。纳米生物传感器技术是目前新兴的、在综合生物工程学、微电子学、材料科学、分析化学等多门学科地基础上发展起来的一项生物新技术，它把纳米材料和生物活性物质巧妙地与传感器技术、计算机技术结合，是传统的烦琐的化学分析方法的一场革命。纳米农药残留量传感器在农药残留的检测中，除了具有上述灵敏度高，可接近常规仪器检测标准的优点外，还具有结构紧凑、操作简便、检测迅速、选择性好等许多其他方法不可比拟的优势。

（三）活体检测法

活体检测法是使用活的生物直接测定。如农药与细菌作用后可影响细菌的发光程度，通过测定细菌发光情况，则可测出农药残留量。又如农药残留会导致家蝇中毒，使用敏感品系的家蝇为材料，用样本喂食敏感家蝇后，根据家蝇死亡率便可测出农药残留量，一般在 4 h ~ 6 h 内可测出蔬菜是否含超量农药。但该法只对少数药剂有反应，无法分辨残留农药的种类，准确性较低。使用家蝇检测蔬菜中的农药残留，过程简单、无须复杂仪器，农户便可自行检测，缺点是检测时间较长，仅适于田间未采收的蔬菜。

（四）酶联免疫法

酶联免疫吸附剂测定法简称酶联免疫法，利用抗体与酶复合物结合，通过显色进行检测。使抗原或抗体与某种酶连接成酶标抗原或抗体，既保留其免疫活性，又保留酶的活性。在测定时，使受检标本和酶标抗原或抗体按不同的步骤与固相载体表面的抗原或抗体起反应。用洗涤的方法使固相载体上形成的抗原抗体复合物与其他物质分开，最后结合在固相载体上的酶量与标本中受检物质的量成一定的比例。该方法的检测效果好，因此发展较好。

（五）分子印迹技术

分子印迹技术原理是将模板分子与功能单体在合适分散介质中依靠相互作用力，如共价键、离子键、氢键、范德华力、疏水作用以及空间位阻效应等，形成可逆结合的复合物；再加入交联剂在光、热、电场等作用以及引发剂和致孔剂辅助下形成既具有一定刚性又具有一定柔性的多孔三维立体功能材料，并且将模板分子有规律地包在其中。合成后用一定方法把模板分子去除，从而获得与模板分子互补有特异识别功能的三维孔穴，以便用于与模板分子再结合。近年来有关印迹传感器技术在农药检方面的研究不断深入，所涉及的农药品种趋于多样化。已报道的印迹传感器可用于检测敌草净、草甘膦、对硫磷、莠去津等10 余种农药。

（六）确证技术

对于检出的农药需要进行确证，以证实有该农药的存在，确证方法主要有色谱确证和质谱确证。色谱确证农药的方法有两根不同极性的毛细管柱确证、同一根色谱柱不同的检测器确证、不同的色谱柱不同的检测器确证等；质谱确证包括气质联用仪、液质联用仪。

综上所述，本文主要对食品中农药残留检测技术进行分析和研究，介绍当前食品农药残留检测的现状，阐述农药残留检测的技术的重要性，并详细分析几种检测技术，有利于保证食品的安全，更好地保障消费者的合法权益。

第四节　食品安全理化检测技术的分析

食品安全理化检测主要外在表征是理化指标、农兽药、重金属等问题，应对这些问题的主要方法有理化检测法和免疫学检测法，这两种方法有特有的优缺点和应用范围。其中，理化检测方法又可以分为色谱分析和光谱测定等方法，这些方法依靠分析检测仪器，大多能进行定性分析和定性检测，灵敏度较高。但部分方法检测程序复杂、费用较高。因此，定性分析和定量检测在食品生产企业中得到了良好的应用。

一、理化检测方法中色谱分析法

薄层色谱、气相色谱、高效液相色谱和免疫亲和色谱是色谱分析中最为常见的几种方法。其中，薄层色谱法是微量快速检验的方式，但是相对于其他的方式，此种方式灵敏度并不是很高。气相色谱方法却具有高效和快速、灵敏度高的特点，但是此方法却不能检验农药。高效液相色谱对被检测物质的活性影响相对比较小，与此同时，并不需要特别对样品进行气化，就可以检测出其中非挥发性物质和很难测定的残留物等。针对农兽药残留的检测，免疫亲和色谱法是把复杂的样品进行离析提取，最终经过处理以后，再对农药进行检测，主要针对待检样品应用进行拓展，保证了结果的准确性和安全性。

二、理化检测方法中光谱测定法

在原子吸收光谱和近红外光谱分析中，重金属检测具有较高的应用价值。换句话说，原子吸收光谱法在无机元素含量测定中具有较大的应用价值。近红外光谱分析对于物质的物理状态没有特殊的需求。针对农药残留和转基因的食品研究中，毛细管电泳法就可以应用在食品基质成分复杂的检测中。而生物传感器主要用于重金属残留物和乳品掺假、植物油掺假等检测，其具有灵敏度和识别度相对较高的特点，应用较为广泛，例如茶叶、酒水、乳制品的等级评定等。

三、免疫学检测方法中酶联免疫吸附测定

免疫学检测法以抗原抗体反应的特异性反应及灵敏度作为检测的基础。针对单独的理化现象比较有难度，但是却适用于比较复杂基质中衡量组分的分离或检测。在食品安全检测中，酶联免疫吸附测定（ELISA）技术是目前应用比较广泛的方式之一，食品中抗生素残留和霉菌毒素等的检测试剂盒即以此为基础。其通过酶标记物对抗体进行分辨和识别，放大检测信号，提升了检测的灵敏度和可靠度、安全度。在 2003 年之前，此类检测试剂盒以进口为主要渠道，2003 年之后，国内此类产品也开始兴起，并逐渐取得一定的市场份额。比如呋喃西林代谢物，国内可以生产出符合标准的检测试剂盒，灵敏度

也达到了标准的要求，达到了高效液相色谱法的检测灵敏度，甚至更高，在实际的生活与生产应用中得到了大量的好评。

四、免疫学检测方法中胶体金免疫层析技术

免疫层析（IC）技术是一种把免疫技术和色谱层析技术相结合的快速免疫分析方式。通过酶促显色反应或者使用可目测的着色标记物，5～10分钟便可得到直观的结果。此种方式，不需考虑标记物，也不需进行分离，在操作方式上，相对简单，方便进行判断，在食品检测的市场中适合于快速检测。

五、常用检测技术比较

除了常用的检测方式以外，还有不少应用比较多的方式和方法，例如高效液相色谱法和酶联免疫吸附测定法、胶体金免疫层析技术，这些方法在食品安全理化检测技术中，具有比较大的优势。高效液相色谱法在检测样本的过程中，处理复杂、操作较难，成本一般人很难承受，因此，只能应用在大型企业和国家单位中。酶联免疫吸附测定技术目前已有大量商品化试剂盒，检测项目覆盖了几乎所有兽药残留、致病微生物等，操作便捷、灵敏度高，相对需要专业化的实验设备。胶体金免疫层析试纸条的方法，操作相对来说比较简单，此方法主要应用在现场快速筛选中。蛋白质芯片等技术还处于实验研究阶段，由于技术和设备的成本限制，应用较少。伴随着科技的不断发展，很多应用比较广泛的检测技术伴随着成本的降低和技术的进步不断发展。

近几年来，免疫检测技术在食品安全理化检测中得到应用。其中，蛋白质芯片、基因芯片、生物传感器技术等，还要在未来进行研究和探究，不断随着科技发展与时俱进。

第五节　食品包装材料安全检测技术分析

改革开放以来，我国的经济得到了迅速的发展和进步。随着经济的快速发展和进步，我国在食品包装材料安全检测技术方面也取得了显著的成就。人们的生活水平得到了大幅度的提升，人们对于食品包装材料安全问题越来越关注了，同时对食品包装材料安全提出了越来越高的要求。为更好地满足人们的需求，提高人们的身体健康素养，我国相关政府在食品包装材料安全技术方面投入了大量的资金和精力，也取得了令人举世瞩目的成就。本节对目前我国食品包装材料安全问题以及相关技术方面做了简要的分析和探讨。

在食品包装材料安全检测的过程中，安全检测技术起着极其重要的作用。近几年来我国经济得到了快速的发展和进步，但在食品包装材料安全方面却出现了一系列的问题。如我国的食品竞争压力越来越大，许多食品生产企业为获得更多的经济收入，在进行食品包装时不能严格地按照国家规定的标准进行包装和操作，许多企业在包装时选择一些对人们

身体健康有害的材料，给人们的生命安全带来极大的威胁。因此，为尽快改变这一现状，提高食品包装材料的安全性，我国相关政府必须不断加大对于食品包装材料安全检测的力度，加大对于食品包装材料安全检测技术的投入力度，不断地提高食品包装材料安全性。

一、食品包装材料安全检测存在的问题

尽管我国相关政府在食品包装材料安全检测方面投入了大量的资金，也针对我国的食品安全材料检测现状提出了一系列相关的法律法规，但这些法律法规存在着许多的问题。如许多法律法规的针对性较差，无法针对食品包装材料安全检测的具体问题进行解决。此外，我国的法律法规过于形式化，许多法律法规无法被真正的应用到实际中。同时，我国的食品包装材料安全检测设备存在着诸多的问题。例如，由于我国的贫富差距比较大，在经济比较落后的地区，食品包装材料安全检测机构的检测设备较落后，已远远不能满足现代人们的安全需求。同时，由于受经济的约束，许多经济落后地区的安全检测人员素养较低，检测能力较差，这也是造成食品包装材料安全检测存在问题的主要原因之一。

二、提高食品包装材料安全检测的有效对策

（一）加强对于食品包装材料安全检测技术的重视程度

为更好地提高我国食品包装材料的安全性和食品包装材料安全检测技术水平，我国政府相关部门必须不断地提高对于食品包装材料安全检测技术的重视程度，增加食品包装材料安全检测技术开发的资金投入力度。例如，相关政府应尽快建立健全与食品包装材料安全检测有关的法律法规，根据我国食品包装材料安全检测存在的问题制定相对应的政策，并将这些政策应用到实际中。同时，还应该加强这些法律法规的执行力度。另外，相关政府应尽快在各个地区成立食品包装材料安全检测机构，并对于一些经济比较落后的地区给予一定的经济资助。

（二）加大对于食品包装材料安全检测技术人员的培训力度

在食品包装材料安全检测的过程中，食品包装材料安全检测技术人员扮演着十分重要的角色，检测技术人员的技术水平对于保障所有食品的安全性具有至关重要的作用。因此，相关部门必须要不断加大对于食品包装材料安全检测技术人员的培训力度，尽快提高他们的食品包装材料安全检测技术水平。

如相关部门可首先加大对于各个食品包装材料安全检测机构的资金投入力度，使各个机构都可对安全检测技术人员进行定期的培训。此外，对于食品包装材料安全检测机构而言，各个机构必须要定期地对安全检测技术人员进行培训，在培训的过程中，机构可邀请专业的安全检测技术专家来进行培训，在培训结束后，机构还应对所有安全检测技术人员进行培训成果进行考察，对于考察不合格的安全检测技术人员应给予一定的惩罚，而对于考察成绩优秀的技术人员应给予一定的奖励。

为更好地提高食品包装材料的安全性，减少食品包装材料对于人们身体的危害性，必须不断提高对于食品包装材料安全检测的重视程度，加大对于食品包装材料安全检测的资金投入力度。此外，相关政府还必须加大对于食品包装材料安全检测技术人员的培训力度，提高安全检测技术人员的技术水平。最后，相关政府还应建立健全我国与食品包装材料安全检测有关的法律法规，增强法律法规的执法力度，确保所有食品包装材料安全检测机构在进行检测时严格按照国家的规定。

食品接触材料与食品安全密切相关。国家在食品安全市场准入制度中规定，只有合格的原材料、食品添加剂、包装材料和容器才能生产出符合质量安全要求的食品，因此食品接触材料的安全性是食品安全的重要组成部分。加强食品接触材料安全监管，更好地保护消费者的生命健康安全，已经成为政府监管部门和相关从业者的共同挑战。本节结合食品接触材料安全性及检测技术进行分析，提高广大消费者对食品接触材料安全性的认识，从而有效护消费者健康和权益。

现如今，人们在购买食品时十分注重食品的外接触以及内接触材料，因此食品生产商对食品接触材料的重视程度也逐渐提高，此外，食品生产商也需要提高对食品接触材料的成本关注。食品接触材料主要是作为容器盛装食品，避免食品受到外界污染，使食品的可食用时间得以延长。食品接触材料与食品直接接触，在温度、光照等因素影响下，食品接触材料中的部分物质可能会迁移到食品中，导致食品受到污染。若消费者食用了受污染的食品，将会影响身体健康，所以需要通过一定的安全检测手段来监测食品接触材料的安全性，从而使消费者的健康安全得到保障，同时满足行业发展的需要。

三、食品接触材料对食品安全性的影响

（一）纸和纸板类食品接触材料

在食品接触材料中，纸是最为传统的。纸类接触材料价格低，便于运输，生产有很好的灵活性，其造型也比较容易，因此在生活中有着极为广泛的应用。人们一般将纸作为纸杯、纸箱、纸盒、纸袋等包装材料直接接触食品，现在常用的纸类食品接触材料主要有牛皮纸、半透明纸、涂布纸、玻璃纸和复合纸等几类，但纸类接触材料也是有一定安全隐患的。

纸类接触材料中，有些是利用废纸生产的，材料收集中会有一些霉变的纸张，这类纸张经生产之后也会存在霉菌以及致病菌等，使食品腐蚀变质。同时，回收的废纸中还可能有镉、多氯联苯、铅等有害物质，使得人们出现头晕、失眠等症状，严重的甚至会造成癌症。

有些食品工厂在使用纸质食品接触材料时，没有使用专用的油墨，而是非专用的油墨，其中有很多甲苯等有机溶剂，导致食品中苯类溶剂超标。苯类溶剂毒性大，如果进入到人的血管、皮肤中，会使人的造血功能受到影响，导致人的神经系统受到损害，严重的会出现白血病等情况。

造纸过程中常需要将染色剂、漂白剂等添加剂加入到纸浆中，纸张通过荧光增白剂处理之后，其中会有荧光化学污染物，其会在水中快速溶解，易进入到人体中。如果人体中有荧光增白剂进入，人体吸收之后就无法顺利分解，导致人的肝脏负担加重。医学表明，荧光物质会导致细胞变异，若数量过多，甚至会引发癌症。

（二）塑料食品接触材料

塑料材料是目前涵盖种类、数量最多，使用最频繁的一类包装材料，特别是现代生活中。在食品行业中，塑料材料的应用范围极为广泛，其中有 60% 左右选择塑料材质作为食品接触材料。塑料是高分子聚合物，由高分子树脂与多种添加剂共同构成，其重量轻、加工简单，能够很好地保护食品，并且运输起来更加便利。塑料接触材料中，树脂、添加剂等会对食品的安全产生影响。

树脂本身没有毒性，但降解之后的产物、老化产生的有毒物质会极大地影响食品安全。比如，保鲜膜中含有氯乙烯单体，若生产中聚氯乙烯没有完全聚合，残留的氯乙烯就会成为污染源。氯乙烯单体能够起到麻醉的效果，人的四肢血管会吸收进而出现疼痛，并且会致畸、致癌。

塑料生产中常使用添加剂，如胶粘剂等，其主要成分是芳香族异氰酸，利用该材料制作塑料袋，高温蒸煮之后就会产生芳香胺类物质，这类物质可致癌。塑料比较容易回收，常被反复使用，若直接用回收的塑料材料接触食品，食品安全必然会受到极大的影响。塑料接触材料的回收渠道比较复杂，回收容器中残留的有害物质也无法保证彻底清洗干净。还有些厂家回收塑料时使用大量的涂料，会残留大量的涂料色素，导致食品受到污染。而且由于监督管理不到位，很多医学垃圾塑料被回收利用，成为食品安全的重要威胁。在食品接触生产加工中，加入的着色剂、稳定剂、增塑剂等质量有问题，因此易产生二次污染，严重威胁食品的安全。

（三）金属食品接触材料

金属材料作为食品接触的重要材料，其容易回收，并且有耐高温、高阻隔的优势，但金属材料不耐酸碱，并且其化学稳定性不强。

金属接触材料主要涉及涂层金属类和非涂层金属类。涂层类金属接触材料中，其表面涂布的涂料中可能有游离甲醛、游离酚以及其他有毒单体溶出。对于非涂层金属类接触材料，其会溶出有毒有害的重金属。当前，主要的金属接触材料是铁、铝、不锈钢及各种合金材料，如铝箔、无锡钢板等，铁制品中镀锌层与食品接触，锌就会转移到食品中，使人们出现食物中毒。对于铝制品，铝材料中有锌、铅等元素，如果人体摄入量过多，逐渐积累会导致慢性中毒。

（四）玻璃、陶瓷、搪瓷类食品接触材料

在食品接触材料中，玻璃也比较常见，但其化学成分有差异，因此玻璃主要有铅玻璃、

钠钙玻璃、硼硅酸玻璃等种类。玻璃无毒无味，卫生清洁、化学稳定性强，并且有很好的耐气候性。但由于玻璃具有一定的高度透明性，因此对于一些食品是不良的，易发生化学反应，从而产生有毒物质。玻璃接触容器中的有毒物质比较单一，主要包括砷、铅、锑，而且通常其向食品中迁移量不多，一般不会对人体造成太大的危害。

我国的陶瓷制品使用历史悠久，陶瓷的研究在世界上也居于前列。陶瓷接触材料的问题主要在于陶瓷表面涂料或釉彩中重金属铅、砷、镉等含量可能超标。有研究表明，彩釉中含有的镉及其他重金属迁移到食品中，会严重威胁人类的健康。

搪瓷是在金属表面涂覆一层或数层瓷釉，通过烧制，两者发生物理化学反应而牢固结合的一种复合材料。有金属固有的机械强度和加工性能，又有涂层具有的耐腐蚀、耐磨、耐热、无毒及可装饰性。搪瓷和陶瓷制品一样，其卫生安全问题来源于表面涂料或彩釉，着色颜料也会有金属迁移，有研究表明，已上釉彩的包装容器，如使用鲜艳的红色或黄色彩绘图案，铅或镉会大量溶出。

（五）橡胶和硅橡胶类食品接触材料

橡胶作为一类重要的化工材料，在食品工业中的作用日益扩展，越来越多地应用在食品接触材料领域中。相对于其他食品接触材料，橡胶拥有独一无二的高弹性性能，同时还具备密度小，绝缘性好，耐酸、碱腐蚀，对流体渗透性低等优势，这些特性使橡胶类制品广泛用于与食品接触的婴幼儿用品、传输带、管道、手套、垫圈和密封件等产品中。

橡胶输送带、管道、手套等产品与食品接触基本是动态的，接触时间相对较短，接触面积与食品体积或质量的比值很低，这种情况下的橡胶组分迁移一般较少，甚至可以忽略，因而安全风险相对较低。但对于奶嘴纸类的婴幼儿用品，由硫化促进剂等引起的亚硝胺问题需要特别关注。盖子、垫圈、密封件等，由于在密封食品的过程中需要进过高温杀菌处理，所以这里接触材料中的有毒有害物质，尤其是增塑剂等，易迁移至食品中，对人体产生一定的危害。

与各类橡胶材料相比，硅橡胶具有优异的耐高低温、耐候、耐臭氧、抗电弧和电气绝缘性等特性，同时耐某些化学药品、透气性高，并且具有良好的生理惰性，无臭无味，因此在食品接触材料制品中应用越来越广泛，逐渐取代了橡胶制品的主导地位。

（六）其他食品接触材料及辅助性材料

竹、木等天然材料自古就被用作食品加工或承载工具，随着加工工艺技术的发展和油漆、涂料等辅料的使用，竹木类产品性能进一步改善，品种和用途也更加多样化。

再生纤维素薄膜，又称赛璐玢。它高度透明，纸质柔软光滑，有漂亮的光泽；挺度适中，拉伸强度好，有良好的印刷适性；无孔眼，不透水，对油性、碱性和有机溶剂有较好的耐受性；不带静电，不会自吸灰尘。再生纤维素薄膜是一种常见的食品包装用纸，多用于包装糖果，也可用作其他包装的内衬。

为延长食品货架期，活性及智能食品接触材料被逐渐引入到食品包装应用中，以添加或去除食品中的某些成分，来尽量延缓食品变质甚至改善食品的感官品质。这种材料主要作为包装材料的成分或附件，其本身并不独立使用。

大多数食品包装都离不开印刷油墨及涂料等辅助材料，通过印刷图案、文字展示产品信息，将信息直接传递给消费者，使产品在货架上备受瞩目，提供品牌推广机遇。尽管油墨一般印刷在包装的外表面，并未与食品直接接触，但研究表明，印刷油墨中成分仍可能通过其他途径迁移到食品中，影响人体健康，尤其是重金属、芳香胺、多环芳烃、溶剂残留等污染较为严重。

四、食品接触材料安全性检测策略

（一）建立健全食品接触材料卫生标准

当前，我国的食品接触材料卫生标准等并不完善，因此需要建立科学全面的食品接触法律法规等。将卫生部门与工商管理部门结合起来，从而使法律法规的制定有科学的依据。政府部门需要优化与改进当前的法律法规，对于不同种类的食品接触材料，需要结合其实际成分含量进行科学的规定。积极学习借鉴欧美等西方国家的经验，并结合我国市场的特点，对不同食品、食品接触材料等提出针对性的技术指标。

（二）强化食品接触企业的自律

我国的政府部门需要对食品企业进行诚信教育、法制教育，通过科学化的教育方法对企业进行教育培训，从而强化企业的法律意识，并使企业能够对自己的行为自律。企业在生产中，需要科学的选择和控制原材料，不能为减少成本支出就使用廉价、不达标的接触材料。

（三）健全食品材料检测体系

食品接触材料的成型工艺、分子结构以及加工助剂等有差异，因此食品接触材料直接的差异也较大，食品接触材料的检测工作也有一定的复杂性。因此需要建立完善的食品接触材料检测中心，结合国家的相关标准有效的检测不同接触材料的性能特点。强化食品接触材料的检测技术，找到高效快速的检测方法，使食品接触中残留的重金属、单体等有毒有害物质等能够得到有效检测，提高检测水平。

（四）使用新型接触材料

我国的相关机构以及科研部门需要通过多样化的方法争取资金支持，从而强化食品接触材料的投入。当前在对食品接触材料研究中，其主要目标是延长货架期，实现高阻隔，并减少接触材料对食品产生的影响。目前，有些食品中已经开始使用可食性接触材料，这些食品接触材料的安全性较高，不仅可食用，而且不会对人体、环境等造成负面影响。

（五）强化接触材料安全检测技术人员培训

在食品接触材料的安全性检测中，检测技术人员发挥着极为重要的作用，检测人员的技术水平将对食品安全造成重要的影响。所以需要强化食品接触材料安全性检测人员的教育培训，使其检测水平得到提高。相关部门要加强食品接触材料安全检测机构资金的投入力度，定期组织安全检测技术人员培训，并邀请专业化的安全检测专家开展讲座培训等，并对安全检测技术人员的培训成果进行考核，考核不合格的需要给予惩处，考核优秀的给予一定的奖励。

当前，食品安全中，食品接触材料的安全性极为重要，食品接触材料与食品直接接触，其安全性将对食品安全、消费者的身体安全造成直接的影响。食品接触材料安全问题是当今世界食品安全的重要环节，因此，科学的检测及安全性评价体系显得尤为重要。

第六节　食品中氯霉素残留检测技术的进展分析

本节介绍了检测食品中氯霉素残留量的微生物检测技术、光谱检测技术、色谱检测技术、快速测技术。分析了检测技术的未来发展趋势。

研究发现，蛋、肉、奶等动物性食品中存留的氯霉素可以在一定程度上影响人们的健康，长期摄入这种元素，会导致病菌出现抗药性，机体正常菌群出现失调问题，致使人们容易出现各种疾病，因此食品中残存氯霉素的检测就显得十分重要。

一、食物中残留氯霉素的来源

氯霉素类抗生素可以治疗和控制家禽、水产品、家畜等的传染性疾病，曾经广泛应用在畜牧业中，所以动物性食品中可能残留氯霉素。食品中存留的氯霉素会对人们的健康造成影响，不少国家都出台了禁止使用氯霉素类药物的相关法律法规。但是由于氯霉素价格低廉、效果好，不少企业仍在违规使用。

二、食品中氯霉素残留检测技术

（一）微生物检测技术

微生物检测技术主要包括两种形式：一是基于抗生素能够抑制微生物生长的特点来实施；二是基于对氯霉素发光微生物比较敏感，从而出现生化特性来实施。例如，鳆发光杆菌会受到氯霉素影响，抑制其发光作用，可以利用发光强度来检测其内部的氯霉素含量。这种微生物方式具有容易操作、经济简便等特点，可以检测多种抗生素类药物，但是具有比较低的特异性和敏感性，不适合大批量检测，并且会出现假阳性的结果，导致出现错误判断。

（二）色谱检测技术

近年来，不断出现联用各种仪器设备的分析方式，促使色谱检测技术具有更加良好的检测分析能力。这种检测技术已经大量应用在检测各类食品的氯霉素存留中。目前，GB/T 22338—2008 标准规定的动物源性检测食品中残留氯霉素含量的液相色谱质谱和气相色谱质谱技术，比较适合使用在监测畜禽产品、水产品以及副产品中，甲霉素、氯霉素等残留量的定量和定性分析中，除此之外，还有其他类型的色谱检测技术，例如，在检测蜂蜜、牛奶、禽畜肉、奶粉等产品时使用的高效液相色谱串联质谱检测技术，在乳制品中检测氯霉素含量的高效液相色谱电喷雾离子检测技术等。色谱检测技术具有准确性高、灵敏度高等优势，但是在处理前期样品时，由于成本比较高、专业性强、操作复杂，不适合进行快速大批量检测。

（三）光谱检测技术

光谱检测技术主要是通过物质形成特征光谱来定量、定性分析。在检测食品中的残留氯霉素时，可以应用以下光谱技术，包括近红外光谱、紫外光谱、可见光谱等。实践表明，光谱检测方式具有成本低、操作方便等特点，但是具有低的选择性，并且近红外光谱检测方式需合理结合化学计量技术，以便于达到分解数据的目的，具有很强的专业性。

（四）快速检测技术

快速检测技术具有经济简便、快速灵敏的特点，比较适合应用在快速检测大量样品时，能够快速及时发现检测样品中存在的问题，在分析食品和药物、保护环境等方面具有一定作用和应用前景。

1. 免疫速测技术

免疫检测技术主要是利用结合抗体和抗体特异性为基础的分析方式，主要包括固体免疫传感器、放射免疫法、酶联免疫吸附试验。相比较酶联免疫吸附试验，放射免疫法具有比较高的灵敏度，但是这种技术存在放射性污染，同位素半衰期短，会在一定程度上影响人们的健康和环境，所以，普遍使用的是酶联免疫吸附试验。酶联免疫吸附检测技术存在灵敏度高、特异性强以及操作简单等特点，可以进行批量检测，并且分析成本低以及仪器化程度低，是现阶段比较理想的一种检测氯霉素残留物的方式。酶联免疫吸附试验由于存在比较多的影响因素，很容易形成假阴性和假阳性结果。从理论上来说，样品中有类似于氯霉素的结构时，容易出现免疫交叉反应，促使形成假阳性结果，因此，可以使用这种技术检测阳性结果。该检测技术比较适合使用在大量样品筛选和现场监控中，具有良好的应用前景。

2. 传感器检测技术

检测氯霉素残留时应用比较广泛是化学传感器和生物传感器。

生物传感器是通过选择性识别生物活性物质来进行检测的，具有很强的特异性和灵敏度。依据不同的生物识别元件，可以把生物传感器分为免疫传感器、酶传感器以及微生物传感器等，其中最受关注的是免疫传感器。在快速检测氯霉素时，已经逐渐开始应用以适配体作为识别不同生物元件的适配体传感器，这种方式具备很好的选择性，其中氯霉素结构类似物不会影响 CAP 的结果，检测限制是 1.6 nmol/L。

化学传感器主要是通过电化学反应基本原理，把化学物质浓度变为电信号进行检测。利用金电极作为基本工作电极，选择检测电位，可以适当高选择性的检测氯霉素，检测限制是 $1.0\,\mu\,mol/L$。利用聚乙烯亚胺纳米金来合理修饰玻碳电极，能够检测牛乳中的氯霉素残留物，该方法具有 96.8% 的检测回收率，准确率可达 99%，检测每份样品的平均时间是 4 min。

分子印迹仿生传感器具有相对较高的特异性和灵敏度，检测限制是 2 nmol/L，在检测牛奶样品时具有 93.5 ~ 95.5% 的检测回收率。

3. 生物芯片检测技术

生物芯片检测技术是依据生物分子之间存在相互作用特异性的原理，在芯片上集成生化分析过程，以达到快速检测蛋白质、细胞、生物活性成分的目的。分为蛋白质芯片、基因芯片、组织芯片、细胞芯片，具备灵敏度高、方法快速简单、重复性好的特点，比较适合使用在大规模检测磺胺二甲嘧啶和氯霉素中。悬浮芯片技术是新型的生物芯片检测技术，利用液相中悬浮的荧光微球进行检测，具有特异性很强、快速灵敏、高通量的特点。

随着分析检测水平的不断提高，逐渐出现了各种类型的残留氯霉素检测技术，主要发展方向是建立高选择性、高灵敏度的复杂仪器机制，开发自动智能、灵敏快速的检测技术。快速检测技术由于经济简便、成本低、适合使用在大批量样品检测中，已经得到广泛关注和重视，在分析残留氯霉素以及保护环境等方面具备一定应用前景。

第七节　瘦肉精在肉类食品中的残留问题及检测技术分析

在经济的快速发展下，人们的生活质量也在不断地提高，在这样的情况下，人们对食品的质量和安全性也提出了更好的要求，而肉类食品在人们的日常生活中占据了较为主要的位置，部门养殖企业为了提高自身的经济效益，往往会在饲料当中添加较多的瘦肉精来增加瘦肉率，改善肉的外观，而这些超标的瘦肉精会给人们带来较大的危害。本节对瘦肉精在肉类食品中的残留问题及检测技术进行分析。

瘦肉精为临床用于治疗哮喘的平喘药总称。其代表物学名为克伦特罗。当人们发现科伦特罗在加入到动物饲料当中，能够显著增高牲畜的瘦肉率，并且改善瘦肉的整体外观。并陆续发现其他平喘药，如莱克多巴胺、沙丁胺醇等等，均有与克伦特罗类似的作用。部分养殖企业就开始违法在饲料中添加瘦肉精，而这对人们的身体健康影响较大。目前，社会对牲畜养殖行业的瘦肉精添加问题重视程度较高，而肉类安全问题也成为目前社会各界所关注的主要问题。

一、瘦肉精在肉类食品中的残留问题

在 20 世纪 80 年代，美国的一家公司发现在饲料中加入一定量的克伦特罗能够促进骨骼蛋白质的合成，提高动物的生长速度。克伦特罗在动物体内能够强制性的对脂肪进行分解，并且合成蛋白质，这样能够使动物的肌肉更加突出，整体瘦肉率提高了 10% 以上，而且动物在经过屠宰之后，肌肉的整体颜色鲜亮红润，具有较好的外观，所以说，克伦特罗也被称为瘦肉精。但是，为了达到相应的效果，一般情况下，饲料中瘦肉精的添加量一般为人体可承受量的 10 倍，而且，瘦肉精在动物的内脏中会大量残留，在肌肉中的残留量较少，人在食用这些添加瘦肉精的肉类后，摄入的瘦肉精会在人体内有着较长时间的半衰期，并且代谢速度较慢，在这样的情况下，人一旦进食超过人体可承受剂量的瘦肉精，很容易会产生各种不良反应，比如呕吐头晕恶心等。在严重的情况下，可能会出现呼吸衰竭甚至死亡的现象。所以说，瘦肉精对人体的危害程度较大。根据以上所叙，从 1986 年开始，欧美国家已经设立相应的法律法规，对瘦肉精类药物的使用进行规定。1997 年，我国农业部也明确规定在动物生产当中不能使用瘦肉精。但是，部分不法养殖企业为了提高自身的经济效益，没有根据国家的相应法律法规，在饲料中违法添加大量的瘦肉精，严重威胁了人们的生命安全，影响了社会稳定。2001 年的时候，在广东省河源市发生过相应的瘦肉精事件，使大量市民出现中毒呕吐等症状，从此之后，国家对瘦肉精事件关注程度较高，为了维护社会稳定，保证人们的身体健康，需要采取相应的检测方法，对肉类食品中瘦肉精的残留程度进行检测。

二、瘦肉精的检测方法

目前国内外没有形成规范化的克伦特罗检测技术和主要方式，所以，目前的克伦特罗检测方法一般包括以下几个方面：

（1）首先是感官辨别。感官辨别是通过对猪肉颜色、肌肉分布等情况的识别，来对其中是否含有瘦肉精进行辨别，一般情况下，其主要辨别方法体现在以下几个方面：首先是通过对猪肉颜色进行辨别，通常情况下，健康的猪肉颜色为淡红色，并且肌肉纤维分布较为密实，整体肉质弹性较好，不会有较多的粘液；而瘦肉精含量较多的猪肉颜色呈现出鲜艳的红色，同时猪后腿较为发达，可观察到的脂肪较少，瘦肉和肉皮紧紧相连，在对猪瘦肉纤维进行仔细观察后可以发现，猪肉纤维连接不密实，肉面上常常会有一定量的粘液分泌，在这样的情况下，可以基本判定猪肉当中存在瘦肉精。另外，还可以将猪肉切成 10cm 左右的长度，然后将其立于桌面上，如果猪肉整体较为柔软，不能立于桌面，就可以判定猪肉中含有一定量的瘦肉精；最后，可以对猪肉中脂肪和瘦肉之间的连接状态进行观察，如果肥肉和瘦肉明显分离，并且两者之间有黄色液体流出，这样的猪肉中可能含有一定量的瘦肉精。

（2）生物传感技术。生物传感技术是目前应用较为广泛，同时精确性较高的瘦肉精检测技术，指的是将生物传感器与电脑相互连接，这样可以对动物的血清或者尿液中的瘦肉精含量进行检验。比如在目前的双汇食品有限公司，就采用了这样的生物传感技术来对瘦肉精进行检验，对每一头经过剖半宰杀猪的猪尿泡进行提取，并且对其尿液中的瘦肉精进行检测，以此来保证猪肉的整体质量。

（3）酶联免疫吸附法。酶联免疫吸附法主要指的是让抗体与酶复合物进行结合，然后进行显色检测。在检验的过程中，可以使抗原或者抗体相互结合，然后保证其免疫活性，利用这样的方法可以制备酶偶联克伦特罗，这种化学试剂会与肉类产品中的克伦特罗进行相互结合，并且产生一定的化学变化，而人们就可以通过其中的实验结果，也就是有色物的变化程度，来对克伦特罗的量进行测量。这种方法比较麻烦，不适用于肉类加工企业中瘦肉精的检验。

（4）色谱技术。质谱法的主要优点是把色谱高效快速的分离效果和质谱高灵敏度的定性分析有机合起来，能在多种残留物同时存在的情况下对某种特定的残留物进行定性、定量分析，而且具更高的检测极限。一般情况下，色谱技术主要包括质谱法和高效液相色谱法等，主要指的是借助相应的仪器来对瘦肉精定性定量的进行检查，这些检测方法的精度较高，但是在检测的过程中必须依靠昂贵的设备作为支持，同时操作流程比较麻烦，需要大量的时间来对检测结果进行判定，所以说，这种检测方法的实用性不强。

目前，食品安全问题一直都是社会所关注的主要问题之一，瘦肉精的违法添加严重危害了人们的生命健康，同时也对社会稳定性造成了较大的影响，在这样的情况下，需要采取相应的手段来对食品安全进行管理，其中最为有效的方法是对生产源头进行控制，在对肉类产品中瘦肉精进行检测的过程中，可以采用感官辨识、生物传感技术和酶联免疫技术来对其进行检验，在这样的情况下，才能有效地对瘦肉精进行防范，从而保证食品的健康安全，推动我国肉类食品加工行业的进一步发展。

第三章 食品检测技术应用研究

第一节 食品氨基酸检测中近红外分析技术的应用

本节阐述了近红户外分析技术在食品加工过程中的应用情况，对近红外分析食品氨基酸应用中涉及的化学计量学的方法进行简单的总结，并详细阐述了近红外技术对相关食物的检测的应用。

食品检测的过程中，最重要的技术就是氨基酸分析技术。多年来很多的科研者一直将提高食品检测中氨基酸检测技术的水平作为奋斗的目标。随着我国经济的不断提升，科技技术的不断发展，将食品氨基酸的定量测定的标准方法分为三种，其中包括高效液相色谱法、凯氏定氮法以及替代甲醛滴定法这三种，近几年红外光谱技术慢慢进入了食品检测技术中，是一种将计算机学和化学计量学中的成分含量结合起来的一种技术，它运用了有机物的含氢基因，可以在电磁波跃迁的时候产生光谱变化。其最大优点就是在检测中不需要检测试剂等，可以通过玻璃或者是塑料直接进行检测，不仅如此，它还有维护成本低、操作方便等优势。所以，它不仅是运用在食品检测中，还在农产品检测中也得到了运用。

一、近红外技术的检测原理及特点

（一）检测原理

因为不同有机物的基因不同，就使得其能级也不相同。所以，在不同的化学反应情况下，对近红外光吸收的波长也不相同。如果使用近红外光所吸收的波长来照射物体的时候，近红外光会对物体直接进行选择，投射出来的红外光线携带物品的结构信息，之后，再利用检测器对其信息进行分析，这时就可以确定出物质的结构和它的含量。

（二）检测特点

近红外技术在食品检测的过程中，分析速度是超级快的，可以在短时间内对物品进行分析出来。与此同时，在检测的过程中，还可以对物品进行多个组进行同时检测，进一步地实现了在线定量分析。近红外光在检测的过程中，是真正地做到了绿色检测，因此，很多的研究学家称它是"绿色检测技术"。不仅如此，它的操作和维护都是非常简单方便的，在很大程度上避免了人为因素造成的误差。

二、化学计量学方法

化学计量学是通过统计学的方法对化学体系的测量值和体系的状态之间存在的联系，化学计量学的方法是在近红外光分析中的应用。

（一）定量校正

近红外技术测验品主要是靠光谱参数和样品中的化学成分的含量来建立起的结构，其关系是标准曲线就是定标模块、定标曲线。建立定标曲线的时候，要使用较多的数学算法的模型中选择一种较为合适的进行定标。然后将这些数学算法的模型称之为多远校正技术。

偏最小二乘法与主成分回归是最常用的线性数学的算法，在这个基础之上，还有改良的多向偏最小二乘法，使用渠道都比较广，在非线性矫正算法中，人工神经网络是最常见的一种，它是由很多简单的处理单元进行连接而成的非线性动力学系统。结构属于变动型的，不仅如此，它还具有聚能量并行性、储存分布性等特点。

从单隐含层前馈神经网络发展出来的一种新的算法，这种新型算法就是极限学习机算法。这种算法可以随意设置隐含层神经元的个数，就可以轻易地获取一个最优解。简单又方便。

（二）近红外分析氨基酸技术的影响因素与模型传递

近红外技术不同于传统的分析手段，传统的分析手段会破坏样品，并且它的检测时间较长、投资力度大、日常消耗时间较长，但是近红外技术具有很多的优点，它测验速度快、无污染、实验重现性好、精度较高等优点。不仅可以检测游离氨基酸，还可以检测结合态的氨基酸。近红外光谱技术对小批量样品分析是不合适的。在氨基酸范围检测方面，近红外技术是不能完全覆盖二十种氨基酸的。和其他仪器的检测一样，近红外技术的准确性也回收到样品、仪器的影响的。

三、近红外技术在食品氨基酸中的检测运用

（一）酒的检测

当前，近红外技术在酿酒生产中的应用主要是白酒、米酒以及葡萄酒等成分的检测，在日本，是将其用来检测米酒的酸度、氨基酸以及总糖等含量的。除此之外，可以使用流动注射近红外技术来分析饮料酒中的乙醇含量，也运用近红外光检测白葡萄酒精在发酵的过程中苯酚的变化情况，运用近红外光在线检测酒精在发酵过程中的参数，研究使用了近红外光来检测酒精饮料中的乙醇含量。在中国，食品研究院对此作了一些研究，研究探讨了 NIRS 分析技术在酿造葡萄酒 BRIX 值的可行性，为酿酒企业运用近红外技术来预测葡萄采摘期对葡萄酒酿造的质量提供了实践基础。五粮液酒厂运用的近红外技术对酒中的水分、酸度等进行了测定，运用了短波的近红外技术来分析九种的乙醇的含量。除此之外，啤酒运用近红外技术主要是对其麦芽糖和乙醇等进行相关检测的。

（二）农作物的检测

可取较少的油菜籽，运用近红外技术检测油菜籽中饼粕氨基酸的含量。其中最常见的氨基酸的种类有 15 种左右，有 13 种氨基酸的 R2 值超过了 0.8，有 7 种超过了 0.9。在这个实验当中，缬氨酸是氨基酸标定最差，因此其并不具有预测的能力。运用 MPLS 的全局定标，对精米粉光谱建立的方程预测标准误差是相对比较低的，差不多都是在 0.007%，可是，外部验证的决定系数都普遍在 87% 以上的，因此，可以运用定量分析来做相关检测。

对有除草剂的大麦进行氨基酸检测时，选用可见和近红外技术来进行检测，运用 7 种不同的光谱预处理的方法和 6 种不同的校准方法进行比较，显示结果发现最小二乘支持向量机法是最合适的，使用这种方法检测出来的结果也是最好的。因此，近红外技术可以较快的检测出氨基酸的含量，这也说明了近红外技术可以很好地检测出在除草剂影响的情况下其大麦的生长的状况。

（三）茶叶中的检测

对于普洱茶而言，对它的游离氨基酸进行相关检测的时候，对预处理的三种光谱进行了对比，对比结果显示，中心化法预处理的效果是最好的。当处在定标模型阶段的时候，选用 elm 的方法，这种方法的误差是在 pmsec 和 pls 之间。运用这种方法检测出来的结果和标准检测出来的结果的训练集均方根误差 0.1034，但是预测集均方根误差是 0.1154，其结果显示出的后者误差相对较大。因此，使用上述两种方法检测出来的集均方根误差小于 pls 法定标模型的训练集均方根的误差。

（四）在奶酪、肉制品、酱油中的测定

选用近红外技术对两种不同规格的奶酪进行了氨基酸检测，之后，通过奶酪中氨基酸的含量对不同规格的奶酪的成熟度进行了判断。选用 msc 对光谱进行了处理，用 pls 作为定标模型。检测的两种奶酪，外部验证系数的值和标准值相比都比较低，但是总氨基酸的含量普遍在 0.92 左右，说明了红外技术能够安全的检测出奶酪中氨基酸的含量。对肉制品中的 10 种氨基酸进行检测的时候，选用 snv+d 和 mpls 的方法检测，结果表明 NIRS 的氨基酸预测值和化学检测的方式检测出的结果都准确。对酱油进行氨基酸检测的时候，选用的是联合区间偏最小二乘法进行筛选，从全光谱中筛选出有效的光谱区域，然后在区域中选择建立 pls 模型。其结果显示，氨基酸态氮 Rc=0.998，Rp=0.998，氨基酸总量 Rc=0.991，Rp=0.990。从检测结果中可以发现，酱油中的氨基酸态氮和氨基酸的总量进行测定的时候，近红外技术是最佳选择。除此之外，遗传算法联合区间偏最小二乘法相结合的话，可以在一定的程度上帮助近红外技术提高测定酱油中的氨基酸态氮总量的准确度。

随着化学计量学和计算机的不断发展，近红外技术得以复兴，世界各地出现了近红外技术和硬件发展趋势的热潮。和传统的分析技术相比较的话，近红外技术只需要对样品进行一次近红外光谱的采集，然后就可以完成很多项指标的检测，其成本较低，分析重现性

好，对于普遍的质量监控都可以较好的检测。但是近红外技术分析也是有一定的缺点的，对于间接检测手段的近红外技术，需要运用湿化学的方式来获取，所以，对测试精度还不能达到湿化学法的进度。除此之外，检测的时候其灵敏度相对较低。而且，建立方法之前，要建立一个准确的矫正模型，因此，某些地区是只检测一次到两次的食品氨基酸的含量，这样的话这种检测方法就不能使用。由于近红外技术已经被广泛地运用在检测食品安全的市场上，所以要更加提高其精准度，不仅如此，还要提升其灵敏度，只有这样，才可以让近红外技术在食品安全检测的行业中有较好的发展。

第二节 流通环节食品快速检测技术应用

在流通过程中，食品数量庞大、类型繁杂，通过快速检测技术，能够提升食品的安全性方面。对于流通环节，食品快速检测技术是必要性的手段，属于国家质量保障体系的强制性措施。本节针对流通环节食品快速检测技术及其应用展开讨论，并提出合理化建议。

与既往工作有所不同，流通环节食品快速检测技术的应用，是社会发展的重要组成部分，其能够创造的经济效益、社会效益是非常显著的。如果在技术操作上存在些许的问题，肯定会影响到未来的进步，造成的损失也难以在短期内快速弥补。在流通环节应用食品快速检测技术的过程中，必须从长远的角度出发。

一、流通环节食品快速检测技术发展现状

快速检测技术的运用，是流通环节的重要组成部分，产生的影响是非常大的。流通环节食品快速检测技术的特点，主要是表现在以下几个方面：第一，该项技术的类别多元化，包括化学比色分析法、酶抑制技术、免疫分析技术、生物化学快速检测技术，以及纳米技术等。纳米技术在近几年发展速度较快，成了流通环节食品快速检测的重点研发对象，创造的效益较高；第二，食品快速检测技术的具体项目，非常详细，涵盖了农药残留的检测、兽药残留的检测、微生物及重金属的检测等，通过针对性检测，可明确食品本身是否安全，是否会对人体造成伤害。这样可以及时制止有毒、有害食品流入市场。

二、流通环节食品快速检测技术的应用对策

（一）加强技术制度的制定

食品快速检测技术的应用对流通环节的食品安全，将产生决定性影响。快速检测技术的运用，应保证制度的完善性。第一，流通环节的食品检测，需明确不同类别的检测要点以及检测指标。例如，在饮品检测过程中，要对含糖量、各类营养及组成部分做出测试分析，选用化学比色分析法，或者是生物化学快速检测技术来完成，了解到流通环节的食品

是否能够达到预期的安全性。第二，针对所有食品的检测结果，均要做出详细记录，并留有备案。第三，快速检测技术的实施过程中，观察食品的不同条件变化情况，是否会释放出污染物质，是否会对人体造成严重伤害。

（二）加强技术试验

从主观的角度来分析，流通环节食品快速检测技术的应用，的确对很多地方食品行业的发展，都能够做出卓越的贡献。可是考虑到技术的实施过程中，存在理论与实践的差异性，如果我们在处理的过程中，未能够根据具体情况来进行，那么肯定会产生较大的隐患和漏洞。因此，加强流通环节食品快速检测技术的试验分析，是非常有必要的。例如，某一项流通环节食品快速检测技术实施之前，要观察技术体系是否健全，是否能够获得专业性的效果，如果出现了较大的隐患和不足，则必须提前进行改进，这样才能为将来的工作提供更多的保障。

（三）加强技术创新

与既往工作有所不同，在流通环节食品快速检测技术的研究和应用过程中，技术创新是非常重要的发展趋势，同时能够产生非常突出的影响力。在技术创新过程中，应充分考虑到具体工作的需求，这样才能保证结果的准确。例如，胶体金免疫层析法作为一种方便快速、成本低、应用范围广的分析检测办法已在食品检测方面得到广泛应用。另外，研究人员还研发了生物传感器和电化学传感器相关产品。利用传感器技术快速检验产品，往往具有小巧、集成、成本低、灵敏度高、实用性强等优点，应用特种传感器的食品快速检测仪器在国内外都受到广泛关注，在重金属、细菌总数和大肠杆菌，以及一些具有特殊分子基团的有机物检测方面取得了较大的进展。

三、流通环节食品快速检测技术的发展趋向

我国在现代化的建设过程中，对于很多行业的进步都是非常关注的，为了促进食品行业进一步的发展，必须创新流通环节的食品快速检测技术。不能停留在传统的层面上，这样不仅无法得到预期工作效果，还会造成很大的缺失与漏洞。首先，在流通环节必须为食品快速检测技术融入自动化理念。在融合该理念的过程中，能够更好地弥补传统工作的不足，提升食品行业的工作效率，可以做出较为卓越的贡献，对未来工作的开展，能够奠定坚实的基础。其次，在流通环节食品快速检测技术的研发过程中，还需要对智能化的内容进行有效的融合，智能技术能够对流通环节食品快速检测技术的一些任务，做出更好的判定。

流通环节的食品快速检测技术研发工作，正迈向长远发展目标，各个层面上创造的价值非常显著。日后，应继续对流通环节食品快速检测技术保持高度关注，要从多个层面上改善技术的不足，提升工作的可靠性、可行性。笔者相信在未来的工作中，流通环节食品快速检测技术能够创造出更高的价值。

第三节 食品安全分析检测中色谱质谱技术的应用

进入新时期后，人们生活质量不断提升，对食品安全问题日趋重视。特别是近些年来出现了很多的食品安全事故，更是引发了全社会的充分关注。在食品安全分析检测中，色谱质谱技术因为具有一系列的优势，得到了较为广泛的运用。本节简要分析了食品安全分析检测中色谱质谱技术的应用，希望能够提供一些有价值的参考意见。

调查研究发现，目前主要有两种方法来进行食品的安全检测，一种为气相色谱法，其在固定相与流动相中间放置食品样品，因为气体具有较快的扩散速度，因此会很快实现平衡目的。但是在不断实践中，本种技术也逐渐出现了一系列的缺点，如不具备较强的定性能力等。针对这种情况，有关专家开始联合使用色谱法和质谱法。这样既可以将色谱法的优势延续下去，又能增强检测的定性能力。

一、色谱质谱技术在食品分析中的优势

实践研究表明，在食品安全检测分析中运用色谱质谱技术具有一系列的优势，其不仅具有较高的基础效率和较强的定性能力，还具有其他的一些优势。具体来讲，可以从这些方面来理解。首先，减少了食品安全检测的环节，样品收集、样品转移等环节可以忽略，降低了食品安全检测的操作复杂程度，且质谱分析的样品单一要求也可以得到有效满足。其次，联合使用色谱质谱技术，质量、三维、时间等方面的信息同时具备，具有较高的整体检测效率。最后，在技术应用实践中，还可以将先进的计算机技术运用过来，对整体操作流程有效优化，促使检测分析过程的自动化程度大大提升。

二、食品安全分析检测中色谱质谱技术的应用

（一）基础物质成分的分析

随着人民生活质量的提升，全社会普遍关注食品安全问题，虽然近些年来食品行业发展迅速，但是也有很大的风险存在。那么就需要积极应用和创新现代化色谱质谱技术，对基础物质成分进行科学准确的分析，以便促使食品安全得到保证。比如，在分析啤酒成分时，通过色谱质谱技术的联合使用，可以将其中的 40 种主要化合物给鉴定出来；再如，在检测淡水鱼肉时，通过色谱质谱技术的应用，能够快速有效地检测出来醇类物质和其他主要化合物，挥发性成分也可以得到有效鉴别。在实验中，鲫鱼的 42 种成分可以被检测出来，草鱼的 30 种成分可以被检测出来，具有较高的效率。因此，食品检验分析中，色谱质谱技术具有较大的优势，能够深层次准确检测食品的各种成分，在未来将会得到更加广泛的应用。

（二）农药残留的检测分析

调查发现，目前我国蔬菜的农药使用量不断增大，农药喷洒次数越来越多，虽然对于农作物的快速成长具有较大意义，却让农药成分复杂程度大幅度提升，且很容易导致农药成分残留于蔬菜中。虽然检测过程中能够直接发现农药残留现象，却无法有效离析农药成分。在过去很长一段时期内，主要利用气相色谱检测法来检测农作物的农药残留情况。这种方法仅仅可以将单一的样品成分给检测出来，而对于复杂的农药成分无能为力。针对这种情况，为了提升农药检测的针对性和有效性，就需要联合使用色谱质谱检测技术，实践研究表明，其能够对农产品当中的残留农药成分定性检测。且操作难度较小，适用范围较广，具有较高的整体回收率和较低的检验下限。在具体实践中，不需要净化操作提取液就能够定量分析，具有较高的整体检测效益。同时，采用色谱质谱联合技术，还可以综合检测果蔬农药残留情况，对农药成分中的有机物质、氨基甲酸质等准确分析，可以检测出 50 种以上的农药成分，且回收率在 80% 以上。相较于酶抑制法、酶联免疫法等其他的检测离析技术，色谱质谱技术具有较大的应用价值。

（三）牲畜药物残留分析

人们经济水平的提升，对肉类食品需求越来越大；但是调查发现，目前养殖户往往会将青霉素、四环岛素等药物喂给小动物，这些药物会让抗病原子产生于小动物的体内，进而避免疾病的出现，保证小动物的正常生长。但是这些药物也很容易残留于动物体内，进而威胁到食品安全。比如，人们误食了少量的氯霉素类药物，就很可能导致特异性再生障碍性贫血的出现。且硝基咪唑类、硝基呋喃类等药物的致癌作用非常强，任何剂量的氨基比林，都会导致致死性粒细胞的出现。且不同药物成分对人体具有不同的危害，那么就需要借助于色谱质谱联合技术来检测肉类食品的药物残留问题。实践研究表明，色谱质谱技术能够有效检测出药物残留成分，保障了肉类食品的安全。

此外，食品添加剂被广泛运用到食品加工过程中，虽然具有较好的保鲜效果，但是也有饮食风险出现。针对这种情况，就需要积极运用色谱质谱技术联合检测食品中的食品添加剂成分，保证食品中添加剂的危害程度不超过人体接受范围。

进入新时期后，我国食品行业发展迅速，但是也出现了较多的食品安全问题。针对这种情况，就需要积极运用色谱质谱技术来开展食品安全分析检测工作。实践研究表明，相较于其他的分析检测技术，色谱质谱技术具有较高的效率和较强的定性分析能力。在未来的发展中，色谱质谱技术将会进一步革新和成熟，进而得到更加广泛的应用。

第四节　红外光谱技术在食品检测中的应用

随着经济的发展，民众的生活水平得到了显著提升，食品安全问题已成为社会广泛关注的焦点。通过对食品进行安全检测，能够确保食品的安全。虽然红外光谱技术在食品检测中的应用刚刚起步，但已经取得了不俗的成绩。

老百姓常说："民以食为天"，足可看出食品对于民众的重要性，但其中食品的安全性也占据着重要位置，与民众的身体健康直接挂钩，对社会的和谐发展等都起到了积极的推动作用。但近些年，食品安全问题层出不穷，给人们的生活带了严重的影响，最终导致我国食品检测机构逐渐失去权威性。被曝光的食品不计其数，还有一些不被人所熟知的食品正在悄无声息的吞噬着我们的健康。我国在食品检测技术方面与先进国家还存在着不小的差距，因此找到一种安全可靠的检测方法已成为相关专家急需解决的问题。

一、红外光谱分析技术简介

在食品加工中，食品检测十分重要。传统的食品检测使用的方法为化学测定法，虽然操作简单，但会对环境造成一定的污染，而且需要一定的成本消耗，使其难以继续进行下去。面对这种情况，红外光谱技术逐步走进大众视野，具备简便、高效、环保等特定，使其在食品检测中应用越来越广泛。

所谓的红外光谱技术，就是通过分子与红外光相互作用，使分子发生振动，分子在吸收振动后的红外光后，会出现不同的振动模式。根据波长的不同，可将红外光谱分成三个区域。分别是：近红外区域，波长在 $0.75\mu m \sim 2.5\mu m$ 之间，波数在 $13334cm^{-1} \sim 4000cm^{-1}$ 之间；中红外区域，波长在 $2.5\mu m \sim 25\mu m$ 之间，波数在 $4000cm^{-1} \sim 400cm^{-1}$ 之间；远红外区域，波长在 $25\mu m \sim 1000\mu m$ 之间，波数在 $400cm^{-1} \sim 10cm^{-1}$ 之间。

二、红外光谱技术检测原理

通过红外光谱法对有机物进行检测，利用红外光谱仪发出红外光线，使其映射到被检测的物体表面。这样有机物就会将红外光进行吸收，进而形成生红外光谱图。以此光谱图为基础，技术人员将其与吸收峰进行比对，确定化学基团。谱峰的数目、位置、化合物结构等与其状态有关，不同的状态所形成的谱峰也有所不同。所以根据官能团与红外光谱的联系，能够准确定位该有机物的化合物。

除此之外，利用红外光谱还能够进行定量分析，以郎伯-比尔理论为基础，红外光谱能够提供不同的波长，所以红外光谱能够对液体、固体等进行定量分析。

三、食品检测中红外光谱技术的运用

（一）定量检测

由于红外光谱技术具有高效、环保等特点，使其在食品检测中得到了广泛应用。但单纯凭借红外光谱无法对样品进行百分百的检测，需要借助化学计量法对样品进行特征提取，建立科学的模型，最终实现良好的分析。

对食品中蕴含的反式脂肪酸含量进行测定，可先对其进行盐酸酸解处理，经过萃取后，利用红外光谱仪测量出反式脂肪酸的谱峰，谱峰面积与反式脂肪酸含量属于线性关系，能够提升测定效率，回收率能够到达 90% 以上，相对误差低于 2.3%。

但相同的测定内容，有人提出了不一样的方法。通过氯仿 - 甲醇法提取样品中的脂肪，利用甲醇 -BF_3 对其进行甲酯化，之后利用 Avatar370 傅立叶变换红外光谱测定反式脂肪酸，回收率能够到达 89% 以上，相对误差低于 1.9%。

（二）检测食品中有毒有害成分

食品安全中，添加剂的问题一直受到人们的关注，特别是能够对人体健康造成影响的有害添加剂，要对其进行严格控制。

对奶粉中的防腐剂苯甲酸钠进行含量测定，可采取红外示差光谱定量分析。将溴化钾 - 苯甲酸钠红外谱图中分离出溴化钾 - 奶粉红外谱图，能够得到分析峰，波数通常在 1555cm^{-1} 左右。在此基础上，将浓度作为横坐标，将吸光度数值作为纵坐标，通过曲线可知，当浓度保持在 0 ~ 2.5mg/g 区间，吸光度和浓度呈线性关系，可使用标准曲线法进行分析。测得的回收率为 103.6%，RSD 值远小于 1.2。这样的检测方式更加便捷，并得到了许多专业人士的青睐。

（三）评定食品内部质量

利用红外技术，会提升数据监测的准确性，增加样品的检测效率。例如苹果疾病中最常见的就是水心病，一般出现在果核处，属于一种生理上的失调症状，大多呈辐射形态。利用近红外光检测苹果的水心病，能够得到连续不断的光盘，可将水心病的病变情况清晰的展示在技术人员面前。

通过采取近红外分光法，能够对水果的病变原理、内部品质等情况进行检测。通过检测结果我们不难发现，红外分光法不但能够准确检测出水果的酸度与糖度，还能够将内在的缺陷完全检测出来。这种检测方法能够满足水果品质在线检测的需求，而且对水果的销售、种植等方面，都会产生积极的推动作用。

综上所述，目前红外光谱分析法将化学计量学技术、基础测试技术等的优点集于一身，并在食品检测中得到了广泛应用。不仅如此，在工业领域中也逐步显现出优势，随着对红外光谱研究的深入，使其成为高效的分析技术，未来也会有更加广泛的发展空间。随着我国科学技术的发展，食品安全检测技术必将会进一步提高，为人们的食品安全保驾护航。

第五节 绿色分析测试技术在食品检测中的应用

随着我国近些年对食品卫生安全问题认识的提高，食品安全卫生问题成为全体国民关注的焦点。同时食品检测中的应用技术也在不断提高，而现今流行的绿色分析测试技术以其环保安全、无污染的特点逐渐在食品检测分析中得到广泛应用。这项技术主要利用的材料是铝塑的检测分析方法，这一种先进的检测技术能够从本质上消除食品污染问题的出现。也在一定程度上有效缓解了食品再加工过程中的二次污染问题，这一技术本着自身灵活多样、快速便捷和准确无误的化学检测分析测试方式取代了以往传统的检测手段。本节也对绿色分析测试技术在食品检测中的应用展开了深入的探讨。

现如今，随着人们对食品卫生问题的高度重视，绿色分析测试技术在食品检验中起着不可替代的作用。这一分析测试采用的是国际化学分析的前沿技术，根据自身的绿色化学分析原理，从源头上消除污染，降低了食品检测对于外部环境和操作研究人员的伤害。这一技术所特有的安全性、精确性、简洁性和环保实用性的优点为食品检测应用技术上指出了前进的方向。本节通过对绿色分析测试技术的先进性等优势，深刻描述了绿色分析测试技术应用在食品检测中的高效广泛应用。

一、技术简介

（一）绿色分析化学

绿色分析化学是绿色分析测试技术具体内容的展现，绿色分析化学以其独有的规范技术操作方式，创新的研究分析理念引起了全社会的高度重视。绿色分析化学的本着环境保护为主要手段，在操作技术和经济成本上设计出对人体无毒无害的化学检测方式。这一操作主要通过将绿色安全等技术全部应用在化学分析手段上，把有害物质对环境造成的不良影响降到最低。样品处理和分析测试构成了绿色分析化学应用技术，对于这项技术我们从它的准确性和便捷性分析，其中充分展现出铝塑分析技术的分析方法和技术的制高点，进而从根源上杜绝了食品污染的产生。

（二）绿色分析测试技术

采用绿色无污染的方法和相关技术方式构成了绿色分析测试技术，进而对要测试的食品样本进行有效的检测，并进行严格的安全性的测试方式。通过零污染、高效性和先进性等特点减少了对环境和研究者伤害的威胁。

二、绿色分析测试的广泛应用

我国食品检测中被广泛应用的食品检测技术就是绿色分析测试，该项测试的操作规范准确性高，不伤害周边环境和研究操作人员的切身安全，从而受到了我国食品检验部门的一度好评，绿色分析测试这项技术手段在当前我国的食品检验中主要分为近红外光、X 射线荧光技术、顶空气相色谱技术毛细管电泳技术和微流控芯片技术等。

（一）近红外光谱技术

近红外光谱技术只需通过配套检测仪器对多种样本进行多方面检测，而无须专家的技术指导，对各种食品形态都能进行无损伤的全方位的高效测试。近红外光谱技术还可以运用先进的化学计量公式对食品样本的质量好坏进行有效鉴定。这样就可以快速地检测食品是否具有掺假等安全问题，食品中是否含有农药化肥有害物质残留以及生产基地和对食品的安全可食用性进行专业的数据检测等。例如，常规测试奶粉样品这一项，我们通过对奶粉样本中的各项指标的达标性进行检测之后，对奶粉的安全质量问题进行了成功的有效控制。并采用全谱分析相结合的优化模型手段，创建出这一混合奶粉的各项指标的近红外模型。除了奶粉中常见的酸度，这一检测技术所建立混合奶粉的其他各项指标数据表明，近红外定标模型具有先进的实用性。

（二）X 射线荧光技术

X 射线荧光分析是在保持食物原有样本不变的前提下，对被测食品样本进行全方位及时有效地测试分析。在当下我国的食品检测部门显示，质量不达标和违反《国家食品安全条例》的假冒伪劣食品太多了，相当多的食品的造假和高仿手段非常高，不仔细观察是根本察觉不出来的，还有的高档食品里掺杂了很多质量低劣的物质来替代，这些做法严重违反食品卫生标准，给我国的原食品对外信誉度造成了一定严重影响。造成了全体民众对食品安全问题的恐慌。而 X 射线荧

光分析技术的及时运用，对食品进行及时检测鉴别，就能够及时消除问题食品的出现，并针对不同原食品产地的差异，导致的组成元素差异进行具体检测分析，发现问题积极处理，从根本上维护我国食品市场的有序进行。

（三）顶空气相色谱分析技术

顶空气相色谱分析技术对于那些具有特殊气味、组成成分比较复杂的食品中的检测，其准确性和针对性非常广泛，在这类食品的安全检测中起着独一无二的先进性作用。例如：说测定有气味的食品，对于有特殊气味的烟酒糖茶、中西药物以及一些特殊制剂等严格检测鉴定的整个过程有着非常重要的应用和参考价值。顶空气相色谱分析技术还广泛用于固体、液体两种状态的低沸点化合物制剂的检测效果也是非常有效的。顶空气相色谱分析技术主要运用气体进行检测，不必破坏原有物质的容积构造，如此的技术手段也大大地消除了其他因素产生的干扰现象，现今这一项操作技术方式被广泛应用在各个行业领域。而且现今大多数国家还把这一项技术定为食品测定环节的主要方法。而且进一步创新和调整了这一技术的完善，为顶空气相色谱分析技术的广泛应用奠定了良好的基础。

（四）毛细管电泳技术

毛细管电泳技术以自身灵活的辨别率、较少的成本、快捷的检测速度以及可以同时检测出多种样本等优点被广泛应用在食品和液体饮品中。该项技术可以在较短的时间内准确检测出多种食品样本的复杂构造。例如：在食品的基本物质检测中采用毛血管电泳的方式可以准确测试出各种矿物元素、微量元素等准确值检测，对液态的饮品等所含有的元素与营养成分进行有效分析。采用毛血管电泳的技术还可以有效分解食物中的营养元素，对食品中有危害的防腐剂添加剂等成分进行严格的筛查和检测。

（五）微流控芯片技术

对于问题食品中常见的食品添加剂、有害重金属、化肥农药残留、杀虫剂药物残留和一些进口的转基因食品等方面能够有针对性的准确检测，科学分析。微流控芯片技术在对过期食物中的多种细菌超标问题的检测上，进一步研究出多种致病菌的类别和微生物菌的测试方法。微流控芯片技术对于人体由于缺乏营养和营养过剩所引发的疾病问题给予科学合理的解释。

随着我国近些年食品安全问题的不断出现，人们对每天赖以生存的食品卫生问题引起了高度重视。它不但关系着广大人民群众的身体和财产的安全，还关系着社会的和谐安定和人民群众的安居乐业。对于食品组成成分的有效分析、检测与质量标准需要采取高超的技术手段来加以解决，绿色分析测试技术在食品检测中的广泛应用不仅取代了以往食品检测技术，也从根本上消除了问题食品的产生和危害。当前本着降低污染和零污染为主要发展理念的绿色分析测试技术是对人类食品安全问题检测的最大贡献，也是我国未来食品检测的发展走向。在倡导保护环境的同时，更要保护人们的身心健康不受到污染，营造一个良好的社会环境，进而为食品安全做出了有效保障。

第六节　免疫检测技术在食品检验中的应用

食品安全是事关人民群众日常生活的重要问题。食品免疫检测手段的强化和免疫技术的创新，是应对食品安全问题的有效措施。本节主要从免疫检测技术的应用范围入手，对这一技术在食品检验中的应用问题进行了探究。

免疫检测技术是建立在抗原抗体的特异性识别技术和相关的结合反应基础上的一种检疫技术。凝集反应、沉淀反应、补体参与反应和抗原抗体反应等检测方法是食品检验工作中经常应用的检验方法。食品安全问题的出现，让人们对食品安全的关注程度得到了一定的提升。免疫检测技术的应用，可以为食品安全提供一定的保障。

一、免疫检测技术的应用范围分析

（一）药物残留检测

抗生素药物检测与农药残余检测是免疫检测技术在食品药物残留检测领域的主要应用方向。从抗生素药物的检测工作来看，酶联免疫法可以对牛奶中可能存在的卡那霉素、庆大霉素和新霉素进行检测，也剋对水果蔬菜中的杀虫剂、除草剂和杀菌剂的含量进行检测。蜂蜜和动物内脏等食品的四环素含量可以利用竞争性酶联免疫技术进行检测。

（二）有害微生物检测

在食品的储藏过程和运输过程中，有害微生物会对食品的安全性带来严重的威胁。人们在食用了这些被微生物污染的食品以后也会出现一些健康问题。免疫检测技术的应用，可以对食品中的有害微生物进行快速检测。酶联免疫分析法也可以对食品中的有害微生物进行有效检测。

（三）真菌毒素检测

食品中的真菌毒素是真菌次级代谢作用的产物。毒性大、污染性强是这种毒素的主要特点。黄曲霉素是毒性和致癌性最大的一种真菌毒素。它是霉变的花生食物中的一种常见毒素。酶联免疫分析法的应用，可以被看作是对真菌毒素进行检测的有效方式。

（四）转基因食品检测

随着转基因技术的不断发展，转基因食品问题也成了人们所关注的问题。目前食品领域并没有对转基因食品的好坏与否进行确定。酶联免疫分析法是对转基因蛋白质进行间接检测的有效手段。PCR 检测法可以在对转基因食品进行直接检测的过程中发挥作用。

二、免疫检测技术的应用分析

（一）酶联免疫检测技术

酶联免疫检测技术主要由酶联免疫测定技术和酶联免疫组化技术两部分组成。它对酶反应的敏感性和抗原抗体的特异性进行了有效结合。检测成本低、检测效率高和较强的特异性是这一技术的主要优势。它可以在对视频的完整性进行保障的基础上，对检测物质进行定量分析。

（二）单克隆抗体检测技术

单克隆抗体检测技术也是食品微生物检测领域所常用的技术。它与细胞培养技术和融合技术作用下产生的具有抗原特异性的单一克隆抗体之间存在着一定的联系。这一技术的优势主要表现在以下几个方面：一是重复性和特异性相对较强；二是试验的交叉反应发生率相对较低。这一技术的应用，可以为农产品的食用安全性提供一定的保障。

（三）荧光免疫检测技术

在食品检验领域，荧光免疫检测技术主要由以下几种技术组成：一是荧光偏振免疫测定方法；二是底物标记荧光测定方法；三是基于荧光淬灭免疫的测定方法；四是荧光增强免疫测定方法。从荧光偏振免疫测定方法的应用情况来看，在激发光为偏振光的情况下，分子的运动状态成了偏振荧光的主要影响因素。反应液中存在的一些游离的标记物在体积过小、转动速度过快的情况下只能产生一些普通的荧光。在标记物与抗体结合以后，激发光会成为偏振荧光。底物标记荧光测定方法对食品内酶的催化作用进行了应用。在这一技术应用以后，一些自身无荧光的酶的底物就成了待测食品的主要标记物。在与之相对应的酶产生催化反应以后，酶底物就转化为了一种特定的荧光物质。在基于荧光淬灭免疫的测定方法应用以后，荧光会在荧光标记物与对应抗体相结合以后出现猝灭现象。荧光增强免疫测定方法与荧光淬灭免疫测定。

（四）其他免疫技术

脂质体免疫检测技术和克隆酶给予体免疫测定技术也是食品检验领域常用的技术。前者对磷脂双分子层的固有特点进行了运用，它可以对食品中待测物的含量进行精确测定。后者可以在对 DNA 获得的蛋白质片段进行重组的基础上，对待测物的含量进行确定。

三、免疫检测技术的应用前景

从我国的经济发展现状来看，食品安全问题已经成了我国目前亟须解决的问题。在免疫检测技术不断创新的基础上，有关部门可以借助前沿化的免疫检测技术，。对传统检测方法中存在的处理过程烦琐、操作要求过高等问题进行解决。从这一技术的发展现状来看，水溶液中分子印记识别技术仍然相对薄弱。在印记成分未得到充分处理的情况下，食品免疫检测的检测结果会出现一定的误差。误差问题的出现，会对视频检测结果的精确性带来不利的影响。从多组分免疫分析系统的现状来看，在试验进行过程中，检验人员需要对不同的标记物进行综合考虑，这就会对多组分检测的灵敏度带来不利影响。食品安全领域涉及的检测技术和监测内容相对较多，免疫检测技术检测范围的拓展，成了对这一技术的适用度进行提升的有效措施。

食品检验中应用的免疫检测技术涉及了酶联免疫检测技术、单克隆抗体检测技术和荧光免疫检测技术等多种技术。在食品种类和食品来源不断丰富的情况下，食品安全质量检测工作可以让食品的质量保障机制得到强化。免疫检测技术检测范围的拓展，免疫检测技术的重要性会得到不断的提升。

第七节　酶联免疫吸附技术在食品检测分析中的应用

随着我国社会经济的飞速发展，食品安全问题日益成为人们关注的热点。酶联免疫吸附技术是一种以免疫技术为基础的检测手段，具有高敏感性和特异性优点。针对酶联免疫吸附技术的原理进行了阐述，并探讨酶联免疫吸附技术在食品检测分析中的应用。

酶联免疫吸附技术（ELISA）是一种现代化的检测技术，是以免疫酶为核心的检测方式，在早期，ELISA多应用在细菌、病毒的检验中，从20世纪70年代开始，开始应用在抗体、抗原检测中。随着自动化免疫技术的成熟，ELISA技术的准确性也日益提高，弥补了传统化学法与仪器法检测中的不足，在食品检测领域中得到了广泛应用。

一、酶联免疫吸附技术简介

ELISA目前已经在食品中病原微生物、重金属以及生物毒素的检测中得到了广泛应用，其应用原理是将免疫活性抗原体与固相载结合，在其中加入特异性酶标记抗原，形成复合物，在化学反应终止后，对比待测样品抗原体与被结合酶标量，再进行洗涤，加入底物，即可形成有色产物，达到检测目的。对于分子量偏低、不具备免疫性的物质，需要先将其与其他蛋白质结合，再采用ELISA进行检测。

根据反应途径的不同，可以将ELISA技术分为竞争性测抗原技术、间接法测抗体技术与双抗体夹心法测抗原技术，三种技术各有优势与不足，需要根据具体的检测对象、用途等来选择。将ELISA应用在食品检测分析领域中，将其检测范围从以往的ng扩展至pg水平上，有效提高了检测灵敏度、费用低廉、时间快，因此，ELISA已经成为现阶段食品检测分析中的首选技术。

二、酶联免疫吸附技术在食品检测分析中的应用

（一）在兽药残留检测中的应用

兽药残留主要存在于牛奶、肉类、鸡蛋等动物性产品中，目前，ELISA在水产品、肉类、家禽类兽药残留检测中的应用已经取得了良好的成效，检测对象有激素类、驱虫类、抗生素类、呋喃类药物等。赵芸等针对不同类型动源性食品中的红霉素残留情况，采用ELISA技术进行检验，结果显示，回收率介于68.5% ~ 107.3%，该种检测方式精确高效。

（二）在农药残留检测中的应用

农药残留是在植物、动物或相关环境中由于曾经使用农药，存储、积蓄在植物、动物体内的农药或者农药代谢产物等，农药残留是我国食品安全的重点关注问题。传统的检测方式对实验环境要求高，费时费力，成本偏高，为了解决这种问题，从20世纪90年代开始，

多个发达国家开始将 ELISA 应用在了农药残留检测中，成功开发出了专用的商品试剂盒，检测数据也更加精确。

目前，ELISA 已经广泛应用于在有机氯、氨基甲酸酯、有机磷等农药类型的检测上，是以硫代磷酸酯半抗原作为单克隆抗体，杨青采用 ELISA 检测铁皮石斛等的有机氯农药残留，结果显示，IC50 值介于 1.4 ~ 92.1mg/L。ELISA 已经成为现阶段下农药残留检测中最常用的一种技术，在保证食品安全方面发挥着重要作用。

（三）在病原微生物检测中的应用

病原微生物也是食品安全问题的关注重点，传统的病原微生物检测方式周期长、试剂种类多，准确性欠佳，而 ELISA 的应用则很好地弥补了传统检测方式的不足。ELISA 能够准确、快速检测出食品中沙门氏菌、大肠杆菌、金黄色葡萄球菌数量。谢文宇采用双抗夹心 ELISA 对多种沙门氏菌培养液中沙门氏菌的数量进行检测，并采用免疫磁性分离、酶联免疫吸附法对 3h 内牛奶中沙门氏菌进行检测，结果显示，与传统检测方式相比，ELISA 法省时、省力、价格低廉、结果准确。

（四）在违禁添加物检测中的应用

食品添加剂的应用可以有效改善食品的色、香、味，提高食品档次，延长保质期，但是近年来，"红心鸭蛋""瘦肉精猪肉""毒奶粉""塑化剂饮料"事件的曝光，在社会上引起了轩然大波，这些违禁添加物的应用会对人体产生极大的危害。以"瘦肉精"为例，瘦肉精的应用能够提高家畜瘦肉率，而人在食用添加瘦肉精的猪肉之后，会出现心悸、四肢麻木、肌肉震颤、头晕，甚至畸变与癌变，为此，加强违禁添加物的检测十分必要。利用 ELISA 检测食品中的违禁添加物，其依据是固相酶联合免疫吸附原理，准确、快速、简单，值得进行推广和使用。

（五）在转基因食品检测中的应用

关于转基因食品是否安全，国际上还没有明确的结论，部分国家为了防止转基因食品贻害子孙后代，在国内明确禁止转基因食品的研发、流通，在转基因食品的检测上，除了可以采用 PCR 技术，还可以应用 ELISA，ELISA 已经在转基因玉米的检测中取得了显著的成效。

随着人们对食品安全问题的关注，快速简便、准确灵敏、重现性好、全自动的 ELISA 技术在食品安全检测的运用十分广泛。在食品安全检测时，利用 ELISA 技术不但简化了操作步骤，而且具有较高的灵敏性和特异性，因此在临床上得到广泛应用。

第八节 食品安全检测中胶体金免疫层析技术的应用

食品安全问题影响着人们的日常生活，积极采用胶体金免疫层析技术开展检测工作，将能针对食品中存在的问题进行有效分析和控制，为有效提升食品安全质量水平提供良好的前提条件。本节主要从胶体金免疫层析技术的情况介绍入手，并针对其在食品安全检测方面的有效应用情况进行了全面细致的分析和说明。

随着社会经济的持续健康增长，人们生活质量的不断提升，食品安全问题逐渐成为当今社会的重要话题之一。切实有效地保障食品安全，需要采用一些良好的检测手段，强化食品安全检测工作的整体水平，为人们提供更为安全放心的食品。胶体金免疫层析技术是一种新型体外诊断技术，从20世纪末开始发展，并在不断地应用过程中发挥了积极作用，该项技术的显色物是胶体金，采用了硝酸纤维膜的载体，能够在具体的层析过程中实现最终的检测目的。胶体金免疫层析技术在实际应用时，具有较强的稳定性和快捷性，并且其自身的体积较小，敏感性高，不需要辅助仪器和试剂就能够有效开展检测工作，对于广大基层检验人员较为适用。

一、胶体金免疫层析技术介绍

（一）胶体金的相关内容

在柠檬酸三钠、硼氢化钠、鞣酸等还原剂的作用下，通过氯金酸从而聚合成为一定大小的金颗粒，其在静电作用下将会形成一种稳定的胶体状态，被称为胶体金。胶体金颗粒本身的蛋白质吸附功能较强，且自身的电子密度也较高，当其聚集到一定状态之后，即可形成人眼直接能够观察到的粉红色斑点，将其作为指示剂，能够有效检测定性或者半定量方面的情况。胶体金本身的制备价格较低，具有较广的应用范围，能够针对多种物质进行有效检测，并且自身的特异性和灵敏性较高，因而检测的准确度也较高。

（二）免疫层析技术的发展情况

免疫层析技术兴起于20世纪80年代初，在发达国家应用得较为普遍，随着信息技术的不断更新和经济的快速发展，该项技术也得到不断地创新和发展，在提高食品检测灵敏度的同时，减少了检测结果的重复率。该项技术可以检测食品中食源性致病菌，这种病菌主要是在食物被污染后出现的，通过该项技术，可以在最快的时间对其做出最准确的检测。此外，还可以有效地检测食品中的农兽药残留和食品非法添加物，不仅检测成本低，而且在最大程度上保证食品的安全。但是，免疫层析试纸的食品检测技术仍然存在一个重要的问题，即定量问题，虽然相对于定性的检测有了一定的进步，但发展仍不成熟，不能达到该技术的最终目标。为此，在使用该项技术时，要尽可能地与新型传感器相互配合，从而实现食品检测手段的多样化。

（三）胶体金免疫层析技术应用的具体方法

在采用胶体金免疫层析技术开展检测工作的过程中，主要运用的方法有以下 2 种：①间接法，这种方法主要是采用免疫金针对二抗进行标记，没有达成良好标记的特异性抗体将和已知抗原有效结合，同时还能够在 T 线上进行固定，从而开展检测工作。②夹心法。这种检测方法在实际应用过程中又分为双抗体夹心法和双抗原夹心法、竞争法、捕获法等，这些方法从检测对象的实际情况出发，根据检测原理进行合理选择。

二、胶体金免疫层析技术在食品安全检测中的应用

将胶体金免疫层析技术应用在当前的食品安全检测工作之中，将为有效提升食品的安全质量水平提供良好的检测条件。

（一）检测药物残留

针对食品安全问题进行全面考虑，可发现当前农业和畜牧业的快速发展给食品方面带来了一些问题。当前，食品安全常见的药物残留主要集中在农业生产过程中农药残留、畜牧养殖环节中滥用兽药以及食品之中非法添加有害物质。食品中残留的物质，不仅会提升一些细菌的耐药性，增加细菌的滋生情况，同时还能在环境因素以及食物链的作用下，影响到人们的身体健康。针对食品中的药物残留情况进行检测，是食品安全检测过程中的一项重要内容，其中可采用的方法较多，但并不能够充分发挥作用。而胶体金免疫层析技术的应用，所需要的样品和试剂都比较小，而且评判检测结果时，并不需要通过荧光显微镜、酶标仪等一些昂贵的机器，十分适合基层检测人员的使用，同时胶体金免疫层析技术检测过程中耗费的时间较短，但保留的实验结果时间较长。在采用胶体金免疫层析技术检测是药物残留问题的时候，首先，可以针对药物的不同种类制备出不同形式的试纸条，增强检测的便捷性。其次，确定试纸条生产的最佳工艺条件，为有效开展相应的检测工作，提供良好的前提条件。

（二）检测病原微生物

微生物污染是食品安全问题中的重要原因，尤其是病原微生物引起的食品安全问题更是亟待解决。胶体金免疫层析技术在检测病原微生物方面已经取得了良好的应用效果，尤其是沙门氏菌、大肠杆菌以及金黄色葡萄球菌等，已经制备出了沙门氏菌单克隆抗体，同时还有着专门应对这种病原微生物的试纸条，其在开展快速高效检测的过程中具有较高的应用价值。胶体金免疫层析技术在检测病原微生物方面能够有效避免出现交叉反应，在较短时间内提供检测结果，作用逐渐明显。

（三）检测生物毒素

有效检测生物毒素，是胶体金免疫层析技术作用有效发挥的一个重要方面。真菌毒素

是当前一种毒性较高且常见的生物毒素，污染范围较广，并且可和食品中的有机化合物结合，危害食用者的健康和安全。胶体金免疫层析技术在单样品检测方面具有较好效果，能够针对一些已经受到真菌毒素污染的食品进行快速的现场检测，这主要是针对黄曲霉毒素、赭曲霉毒素、T-2 毒素、玉米赤霉烯酮等。

食品安全问题越来越受到社会公众的重视，我国相关部门也充分重视到这一问题，针对食品安全检测的技术手段也在不断增多，其中胶体金免疫层析技术因其检测方便、快捷的特点，具有较强的应用效果。胶体金免疫层析技术检测能够在较短时间内得到清楚直观的结果，这样就能针对大批量的样品开展现场检测和大面积普查工作，应用范围较广。在食品安全检测过程中，积极采用胶体金免疫层析技术，主要是能有效检测生物毒素、药物残留以及微生物，为食品正式流入到交易市场上提供一定的保障，为有效提升食品安全管控工作提供一定的前提依据。

第九节　微波消解预处理技术在食品分析检测中的应用

食品安全问题一直以来都受到人们的广泛关注和重视，如果食品本身存在安全问题，那么不仅会导致人们的身体健康遭受到严重的威胁，而且还会影响到人们的日常生活和国家经济的发展。因此，在针对食品中的有毒有害物质进行检测时，可以利用微波消解预处理技术，这样能够保证检测结果的准确性和有效性。本节对此进行分析，为食品安全提供有效保障。

在当前社会经济不断快速发展的背景下，人们的日常生活质量和水平不断提升，对食品的要求也越来越高。民以食为天，人们赖以生存的基础，除了一些必需的资源之外，就是各种不同类型的食品。但是近年来，食品的安全问题受到了人们的广泛关注和重视，特别是在受到地沟油等一些恶劣事件的影响之后，人们对食品安全问题的重视度越来越高。食品当中重金属元素的含量能够直接对食品是否具有一定安全性产生影响，所以要采取有针对性的措施来实现对食品中各种重金属元素的有效检测和处理。为了保证最终的检测效果具有真实性和有效性，同时能够根据检测结果提出有针对性的处理措施，可以将微波消解预处理技术科学合理地应用其中。该技术的合理利用，不仅能够促使我国现阶段食品当中存在的大量微量元素测定的准确性得到有效提升，而且还能够构建出一个具有实用性的食品预处理方法。

一、微波消解预处理技术在实际应用过程中的优势特点

（一）升温快、消解能力强

一般在针对食品进行分析检测的时候，大多数都会直接利用传统的干法消化、湿法消

化。干法消化在实际应用过程中，其主要是将样品直接放置在马弗炉内，通过高温加热的方式，促使样品中的有机物能够被有效破坏。而湿法消化在实际应用过程中，其是在加热的基础条件下，通过强氧化剂的合理利用，实现对有机物的分解处理，比较常见的一些强氧化剂包括浓度比较高的硝酸等。但是这种方法在应用时，需要耗费的时间比较多，一般整个消解过程需要耗费 3 ~ 6 h。但是微波消解技术在实际应用过程中，其主要是通过高压密封罐在其中的科学合理应用，能够实现对样品快速有效消解，并且保证整个消解的彻底性。同时，微波消解技术在其中的科学合理利用，还能够缩短整个检测时间，各种不同类型的样品在几分钟至二十几分钟之内就可以完成。

（二）有利于提高分析的准确性和精密度

传统的消化方法在实际应用时，由于受到一些外部因素的影响，所以很容易导致其中一些容易挥发的元素遭受到严重的损失。但是微波消解技术在使用时，由于使用了密闭的消解罐，所以，在使用时，能够针对这些容易挥发的物质起到良好的控制作用，尽可能避免这些物质出现严重的挥发现象，造成不可挽回的损失。这样不仅能够从根本上保证检测结果具有真实性和有效性，而且还能够最大限度避免样品相互之间出现严重的污染现象。与此同时，微波消解技术在应用时，可以对密闭罐内的压力、温度以及时间等各个参数进行实时有效的反馈，这样不仅能够对实际情况进行有效了解，而且还能够对其进行准确合理的控制。一旦出现问题，可以立即采取有针对性的措施对其进行处理，为反应的准确性和精密度提升提供有效保障。

（三）有利于减少样品的空白值和背景

微波消解在实际应用过程中，一般在针对一个样品进行消解的时候，会使用的酸量基本上只需要 15mL 左右。这一用量与传统方法相比，是其中的几分之一，能够尽可能减少一些使用试剂的使用，同时还能够对成本起到良好的控制效果。由于密闭消解过程中，酸在其中并不会出现任何的挥发现象，所以并不需要为了保证酸本身的体积，而加大对酸的用量，这样有利于对试剂的使用数量进行节省。

二、微波消解预处理技术在食品分析检测中的应用

微波消解预处理技术在食品分析检测中的科学合理利用，不仅能够提高检测效率，而且还能够保证检测质量，为检测结果的准确性和有效性提供有效保障。但是需要注意的一点就是，该技术在使用时，要与实际情况进行结合，这样才能够将其节能、污染少等作用充分发挥出来，而且还能够保证最终的分解效果。微波消解预处理技术已经逐渐成为食品分析检测中非常重要的技术手段之一，能够在其中取得良好的应用效果。该技术在使用时，主要是针对食品当中的一些微量金属元素进行检测，其中包括 Hg、Cr、Fe、Mn、Ca 等。在针对这些进元素进行检测的时候，比较适合的方法包括 AAS、AFS、ICP-AES 等。在我国当前科学技术不断进步和快速发展的背景下，微波技术正在经历着不断的改革和发展，

微波技术的整体应用范围越来越广。相关学者在针对这一方面内容进行分析和研究时，通过微波消解的方法，对鱼肉中的有机氯农药进行测定，与此同时，又利用微波辅助衍生化的方式，实现对 GC-MS 法合理的利用。通过这种方式，可以针对鱼肉当中的一些脂肪酸技术科学合理的测定和分析。除此之外，还有部分学者认为，微波消解 HPLC 的实际应用过程中，会对酵母中的海藻糖样品进行相对应的分析，有利于保证分析结果的准确性和有效性。有部分专家学者在针对微波萃取法进行利用的时候，通过对该方法科学合理的利用，可以针对熟肉当中的一些氯霉素起到良好的检测作用。在肉食品当中，经常会有大量的农药残留，在针对这些农药残留情况进行检测的时候，可以直接利用 HPLC 或者是 GC 的方式进行检测，这样能够保证检测结果的准确性和有效性。

微波消解预处理技术在食品分析检测中科学合理的利用，不仅能够对猪肉、大米等各种不同类型的样品进行检测，而且还能够针对其中存在的锰等元素进行准确的检测。还有部分专家学者在针对该技术进行研究时，将该技术应用到重量分析当中，将其替代传统灼烧的方式进行操作。一直到现阶段为止，根据相关数据统计结果可以看出，微波消解技术在使用时，可以针对食品中铅、镉等一些微量元素进行准确有效的测定，并且能够最大限度地保证测定结果的准确性和有效性。

在食品分析检测过程中，将微波预处理技术科学合理的应用其中，这样不仅能够从根本上保证检测效率得到有效提升，而且还能够保证检测质量。同时，微波预处理技术的合理利用，还有利于促使整个检测效果的准确性和有效性得到提升，特别是在现代技术不断创新和发展的背景下，该技术的应用范围不仅正在不断扩大当中，而且该技术的未来发展前景比较良好。

第十节　核磁共振技术在食品分析检测中的应用

核磁共振技术是指核磁矩不为零的原子核，在外磁场的作用下，核自旋能级发生塞曼分裂，共振吸收某一特定频率射频辐射的物理过程。它是一种新兴的波谱技术，在食品检测分析领域得到了广泛的应用。

核磁共振是一种新兴的波谱技术，它的科技含量很高，这一技术的原理就是原子核在磁场运动中会出现磁化现象，在原子核与外加能量达到相同的震动频率时，原子核就会出现能级跃迁，发出共振吸收信号。该技术在食品领域应用以前，就已经在科学研究方面发挥了很大作用。

一、核磁共振在食品检测中的发展历史

核磁共振开始应用于食品领域是在 70 年代，之前食品的检测一直使用传统方法，虽然方便简单，但检测结果往往容易遗漏细节，一些有害物质无法检测出来，单个食品的不

稳定性也会影响检测结果。而核磁共振技术能够弥补这些劣势，这是一种非破坏性的检测方法，不会浪费食品。它的检测结果精确，并且对一种食品中的所有个体都能适用。不会因为食品个体存在大小、生产方法的不同而出现错误的结果，所以核磁共振技术在食品科学研究中一经运用，就受到青睐。随着科技的进步，这一技术目前在脂肪、蛋白质等成分的研究中都得到了运用。

二、核磁共振技术在食品分析检测中的应用

（一）对食品中水分的分析检测

食品中的水分含量对食物的品质有很大影响，比如一些面包类的食物，如果水分含量过多就会影响口感，还不容易保存。水果的水分含量太少，口感就会干巴巴。核磁共振在食品中的一个重要研究就是观察食品中水分的物理结构。原子核可以测定水分子流动性中氢核的运动特点，当水和检测物紧密结合时，横向弛豫会降低。而当水流动性好时，横向弛豫较大，这样就可以推测出被检测食品的品质。

（二）对食品中糖分的分析检测

糖的种类众多，有果糖、葡萄糖等，虽然品种不同，但它们都是有机物，化学结构都是相似的，区别仅仅在于原子重复次数不同或者原子排列次序不同。这些物质用传统的检测方法，是无法加以区分的。但用核磁共振就能明确区分出它们的细微差异。研究显示，核磁共振成像技术在糖的分析中主要使用重水或者氘代二甲亚砜作为溶剂，用这些成分作溶剂能够检测出结晶时糖的具体形态。此外，糖的各羟基都能与同碳质子相偶合而产生裂分的双峰，在检测中对糖的成分进行分析发现经磺酸化的多糖物质在形态上变得松散了，这样就能够分辨出食品中的糖是属于哪一种。

（三）对食品中蛋白质和氨基酸的分析检测

核磁共振不仅能够检测食品中的水分、糖分，在检测氨基酸中也有使用。目前主要使用的是核磁共振波谱技术来检测氨基酸的结构形态和运动特点。有国外科学家在研究一种含96种氨基酸的甜蛋白时，使用带顺磁探头的梯度核磁共振成像图谱仪研究其表面结构，用来研究该甜蛋白各部分与水结合的情况。后来几位中国科学家，如张猛等人确定了利用该甜蛋白的偶合常数、化学位移以及同位素交换等，来确定具体氨基酸。

三、水果品质及成熟度的分析检测

核磁共振成像技术在检测水果品质时，主要通过探测浓缩氢核及被测物油水团混合状态下的响应变化来得到果实内部组织的高清晰图像，这种方法在一些水果的检测中尤为实用。苹果、香蕉都属于含糖水果，因此能够测定它们的糖分水平和含油量，这对水果等级分类、价格标注有较大的帮助。想要检测一种水果是否达到成熟标准时，可以采用自由感

应衰减谱分析水果中可溶性碳水化合物的情况。对成熟果实的研究显示，果糖与葡萄糖是能够达到一定峰值的，但是未成熟水果，却仅仅只有一个蔗糖峰。在采用该技术分析水果水分时显示，在水果生长早期，波峰较宽，这就在一定程度上说明水分活动性受到影响。对成熟果实进行检测时，发现糖峰位于水峰右边，峰形不会出现对称，这就说明可溶性碳水化合物与水具有一定的相互作用。因此，通过自由感应衰减谱可以明显地将成熟和没有成熟的水果区分开来，这在传统的检测中是很难做到的。这种技术不仅能运用在水果上，还能应用在种子上。

核磁共振技术在食品分析中的应用远不止这些，在检测二次或者多次加工的产品时，可以有效检测出食品中是否有危害人体健康的成分。在检测发酵食品时，可以知道有害菌数量是否超标，可以说正是这种技术在食品领域的革命性运用，才让我们的食物有了更多保障。当然核磁共振技术毕竟还是一种新的技术，它的仪器造价十分昂贵，一旦损坏后维修很麻烦。而且，使用这种技术的人需要很高的专业水平，目前我国这样的人才很少，所以这种检测方法无法普及。相信随着关注度的提高，核磁共振的市场将越来越大，也将逐渐从科学的神坛上走下来，为千家万户服务的。

第十一节　荧光共振能量转移技术在食品分析检测中的应用

近年来，随着我国社会经济的快速发展，科学技术水平的日益提高，人们生活条件也得到了很大改善，食品安全问题也越来越成为人们关注的焦点，荧光共振能量转移技术在食品安全检测领域得到越来越广泛的应用，其是一种均相分析检测技术，具有操作简单、灵敏度高、选择性好、时间和空间分辨率高等优点。本节就荧光共振能量转移技术在食品分析检测中的应用做简要分析，希望通过本节能够给相关工作者带来帮助。

一、荧光共振能量转移的基本原理

就 FRET 来讲，代表 2 种荧光基团，这 2 种荧光基团一个是能量供体，另一个则为能量受体，供体与受体分别产生发射光谱和激发光谱，可以重叠在一起，且其间的距离在 1.0 ～ 10.0 nm，如果采用供体激发光发射，就会发现供体的能量发生转移，且转移给了受体。详细转移过程可见如下：激发光将能量供体分子激发后，供体分子从基态跃迁为激发态，同时形成震动偶极子，由供体分子所形成的震动偶极子与周围受体分子的偶极子相互碰撞，出现共振现象。由于相互作用发生在偶极 - 偶极间，供体分子激发后，就会通过非辐射跃迁方式把一部分甚至全部的能量迁移给受体，由此使受体分子受到激发。同时，在该过程中，供体以及受体分子间出现荧光强度变化的现象，就供体分子而言，逐渐下降，受体分子而言，则逐渐加强，假如将受体当作猝灭剂，则受体就不会出现荧光现象，这被称为荧光猝灭反应，供体的荧光寿命出现下降或者受体的延长等现象也会出现。光子的发射反应在整个能量进行转移过程中并未发生，也未发生光子进行重新吸收的现象，因而，FRET 被称作无辐射的能量转移。

二、应用荧光共振能量转移技术检测分析食品

（一）检查真菌毒素

真菌在一定的环境下会产生某种次级代谢产物，这种代谢物被称作真菌毒素，其根本成分有黄曲霉、赭曲霉和伏马菌等毒素以及玉米赤霉烯酮构成，在变质的农产品及其制品中普遍存有，举例，在发生变质的花生以及玉米中。通常来说，真菌毒素作为某种有机的小分子，拥有极好的热稳定性，一般在进行加工农产品时不会被损坏，此外，在某种程度上真菌毒素对人具有很大的危害，因为即使其浓度很低也会给人和动物带来毒害作用。

（二）检查重金属

自然界中，普遍存在着重金属，主要有铅、汞、银、铜等，这些重金属不但污染环境，甚至还通过一些途径进入人体，如人的皮肤或食物，且这些重金属在人体内积蓄到一定量就会毒害人体。所以，要保证食品安全，杜绝重金属超标，确保人体健康。

在寡核苷酸序列中，Hg^{2+} 能使胸腺嘧啶（thymine，T）形成另一构造，这种构造叫 $T-Hg^{2+}-T$，并且具有高度稳定性。FRET 传感器利用这一原理检查 Hg^{2+}，且被普遍宣传。对于用 FRET 传感器检查 Hg^{2+}，分子信标模式被 Magdalena 等创立，在检查是控制为 19 nmol/L。一条含有 T 碱基的核酸链被 Huang 等建立起来，将量子点作为能量供体，能量受体则是纳米金，从而使 FRET 传感器被设计出，用来检测 Hg^{2+}。利用此检测法可控制在 0.18 nmol/L，有良好的选择性。王进军等则改变以上方法，将纳米粒子作为供体，受体为氧化石墨烯，从而创建 FRET 法，检测 Hg^{2+}，此法具有高度灵敏性，且特异性好，检测 Hg^{2+} 时可控制在 0.5 nmol/L。同时，在重金属离子、铅、银离子以及铜离子等检测领域，FRET 技术得到普遍应用。

（三）检查抗生素

抗生素作为抗菌药物，在医疗卫生、牲畜行业、水产养殖业以及食品加工业等领域都得到了普遍应用。抗生素的种类有很多，一般有内酰胺类、氨基糖苷类、大环内酯类以及四环素类等。对抗生素本身来讲，生物活性高、毒害性持久以及密集性的生物会给人类健康带来严重危害。王晓梅等分别将有机染料以及纳米金当作供体与受体，创造了 FRET 适配体传感器，从而被用来对卡那霉素的检查。在适配体的一端标注有机分子，不存在卡那霉素时，在纳米金的表面则可以粘住适配体，从而拉近有机分子和纳米金的距离，纳米金猝灭有机分子的荧光，在卡那霉素存在的情况下，适配体与卡那霉素组合，因而与纳米金隔离，在该过程中有机分子的荧光恢复原状。对有机分子来讲，荧光的恢复速度受到卡那

霉素浓度干涉，其两者间成正比现象，线性大约在 0.8 ~ 350 nmol/L 间，检查结果在 0.3 nmol/L。Ramezani 等则用有机染料和纳米金分别作为供体和受体，与循环放大的检测方法构建了 FRET 体系用于卡那霉素的测定。

当荧光共振能量迁移技术被当成一项均相剖析方法时，拥有很多优点，比如：较高的灵敏性、良好的选择性以及迅速简便，且在食品安全检测面同样取得了快速发展。结合以上的探究结果，在此领域的发展方向可能有以下几点：①应用长波激发的新型荧光材料当作能量供体；②探索高能的能量受体；③和其他技术相结合，比如：循环放大和芯片技术。把 FRET 技术和新型纳米材料以及新型技术相结合，将对食品安全方面，带来更多、更可靠的迅速灵敏检查方技术，为食品安全领域带来了强烈的技术支撑。

第十二节　无损检测技术在食品质量安全检测中的典型应用

近些年来，无损检测技术被广泛运用到农产品和食品加工业中，无损检测技术在食品质量安全检测领域中，具有至关重要的地位和作用。本节以食品作为对象，以无损检测作为手段，对食品质量检测中无损检测技术的应用进行系统和全面的介绍和阐述。

最近几年，食品质量凸显了多样的疑难，频发安全事故。这样的状态下，食品质量日渐被注重。传统检测流程耗费了偏长的时段，浪费很多金额，处理依循的流程也倾向于烦琐。与之对应，无损检测维持了初始的物质样态、化学类的特性，在这种根基上辨识了物质特有的理化属性，选取了检测依循的规程。依照检测机理，可测得光学的特性、电学及声学特性，还可借助射线予以检测。无损检测范畴的典型为：近红外光谱测定、光衍射的测定、生物传感器特有的测定途径。

一、无损检测技术

无损检测依循的根本机理为：选取待测的某一物体，添加某比值的能量。经由物体之后，能量显现了衰减的变更。这类能量密切关联着待测物体，要辨析能量变更的总趋向，依循定量解析来辨析它的理化特性。定量解析选出了化合物，无损检测可获取数值，在这种根基之上创设了可查验的模型。测得数值的真实精度，拟定了感官评价予以评判它的精度。

从概要来看，无损检测可分成搜集信息、初始搜集数值、处理并调控信号。在这之中，显示器凸显了调控得出的信号，调控了后续的输出。借助微机途径以便解析数值、处理各时段的数值。检测之中设定了搜集信号这样的侧重点，它被归为疑难。搜集得出的数值密切关联着测得结果，要筛选最适宜的流程。机电一体化中，无损检测被用作辨识食物，测得食物是否安全。

二、无损检测的类别

第一类为射线检测。X 射线有着穿透的特性，可以穿透物质，辨识了缓慢态势下的衰减倾向。选取测定样本，激发荧光并依托于衍射来显示成效。这样做，可测得食物之内的多样元素，尤其是重金属。从现有状态看，这类检测侧重查验环境，食物检测并非常见。

第二类为借助传感器予以检测。采纳了生物传感器，它归属新型测定。在测定流程内，生物活性显现出敏锐的特质，搭配着换能器即可识别出食品特有的多样成分。筛选待测样本，设定某一特异元件以便引发反应。经由转换配件，信号被浓缩可得电信号、光线类的信号；再次经由输出，可得检测结果。

第三类为近红外这样的测定技术，含有光谱技术。定义某一波长，电磁波被涵盖在设定的范畴内，含有非可见光。受到条件约束，技术仍没能被延展。定量解析借助于漫反射特有的光谱，测得含氧基团自带的特性，以此来测得信息。伴随微机技术，近红外光谱被用作测定水果、测定残存下来的农药。

此外，检测类别还含有高光谱架构下的成像、激光诱导荧光、其他关联的技术。

三、无损检测技术在食品质量安全检测中的应用

第一，无损检测用作去测定食物附带的病害、细微情形的某一污染。在这一范畴内，果品检测借助了传感器。生物传感器拟定出来的流程更为简易，检测流程被简化。例如，检测苹果汁时，查出了偏大比值的大肠杆菌；检测柑橘食物，测得了病虫害这样的潜在威胁。有着毒害特性的食物被区分于合格食物，辨识可得的精准概率很高。

第二，无损检测查验了食物内的重金属，去除不安全的这类食物。检测重金属时，激光诱导及相关的射线测定显现了优势，有着独特性能。在这其中，X 射线更为成熟，测得数值也更精准。凭借 X 射线，测出了蔬菜、果品及谷物以内的铅锡，辨识它们占到的总比值。最近几年，激光诱导可测得残存下来的多样重金属，用作测定真空包装的、冻干类的果品。测得数值表示：这类流程可查验食品附带着的重金属，识别出细微成分。对比预测数值，真实测得的差值是很小的，快速并且精准。

第三，是测定残存下来的毒害药量。市面售卖的多样蔬菜、果品这样的食物都不可规避存有的农药，农药有着毒害，威胁着机体健康。依托无损检测，描画了明晰的高光谱图示，借以辨别残存着的药物总量。解析残存下来的主体成分，可得表征着这一特性的精准波长。测定农药含有：毒死蜱类的药物、常见的多类农药。测定数值吻合了拟定的系数，创设了预测模型，精准特性十分优良。

从现有状态看，无损检测可被融汇于多样的检测，测定食品外观、内在的特质等。然而，现有调研累积可得的经验仍缺失，侧重依赖借鉴得来的域外手段。伴随技术进展，无损检测拓展了偏单一的范畴，添加参数检测、动态类的检测，借助综合的路径来测定。采纳在线测定，整合了多重的目标。未来进展之中，要接纳并融汇新颖的检测类技术，促进更广范畴的检测进步。

第四章　食品检测数据处理与实验室管理

第一节　食品检测数据审核

对于食品加工行业来说，食品检测是保障食品安全性的重中之重，为了进一步提升食品检测的合理性与科学性，需要对检测数据进行审核。基于笔者对食品检测数据审核内容的了解与分析，本节在此基础上提出了加强食品检测数据审核的措施，从而让食品检测过程的科学性得到充分提升，达到提升食品质量的目的。

当前已经应用了多种科学有效手段进行食品检测，但与之配套的数据审核措施发展较为缓慢，所以在当前和今后的食品检测过程中，各食品检测机构需要加强对该体系的建设，通过数据审核体系提升对食品建设数据的保管效率和效果，推动食品行业更好更快发展。

一、食品检测数据审核内容

食品检测涉及多种项目，数据审核过程中除了对实验室得到的数据进行分析和审核，工作内容还包括以下几个方面：①对检测数据进行存档。在食品检测机构中，为了能够通过食品检测发现食品加工行业中存在的问题，会以档案的方式对食品检测数据进行存储，数据审核过程中将对存储数据的完整性进行抽查，提升数据管理的有效性；②检测数据抽查。在一些食品检测机构中，将由专业人员对食品的检测数据进行技术性抽查，在保证检测数据精确性的基础上，也对食品检测机构进行了一定程度上的监督和管理，防止各类舞弊现象的发生；③检测数据对比。对于不同的食品，通常情况下在检测过程、安全等级方面都有较大区别，对于安全等级要求较高的食品，检测机构会让不同的检测小组对食品进行检测，而数据审核过程中，将对不同检测工作得到的数据进行研究与分析，找出检测工作中存在的疏漏，并更好地确定食品质量。

二、加强食品检测数据审核的措施

（一）提升食品检测的科学性

虽然数据审核能够在一定程度上提升食品检测的合理性与科学性，但是这种方式对食品检测过程的监管效果一般，提升食品检测质量的核心方法依旧为通过新型技术的应用提升食品检测的科学性。以高效液相色谱法在食品检测中的应用为例，这种方式能够几乎同时对各类可检测的物质进行精确检测，在很大程度上提升了食品的检测效率，同时提高了食品检测的准确性。而在该过程中，食品检测的数据审核部门除了要对各项得到的检测数据进行审核，还需要能够深入参与到食品检测的过程中，以更好地对食品检测过程进行监督，从而对食品检测部门的工作人员实行有效监管，保证各项数据的合理性。

（二）完善数据审核相关规章制度

数据审核工作包括很多内容，对于食品检测过程来说，不但涉及各项检测数据的研究与调查，还包括数据录入和管理过程。所以在数据审核规章制度的建设过程中，规章制度中应包括以下几个方面：①工作人员行为限制。对工作人员的行为进行限制能够提升数据审核的有效性，并且让工作人员自主提升从业素质，所以规章制度中需要包括相应的行为限制和指导条款，从而让工作人员能够在规章制度的指导下进行工作；②工作流程指导。对于食品检测行业的数据审核过程来说，与其他行业存在一定区别，在规章制度的建设过程中，要通过工作流程制度建设的方式对数据审核工作人员的各项工作内容、工作流程进行指导，最终提升数据审核的科学性；③辅助制度的建设。为了能够让工作人员自发提升从业素质，规章制度中还需要包括奖惩措施等方面的辅助制度，让工作人员能够根据这类辅助制度对自身进行有效指导，达到提升数据审核效率和精确性的目的。

（三）加强对数据审核过程的监管

在食品检测的数据审核过程中，工作人员的道德素养和专业素养等都会对数据审核的精确性产生重大影响，故而在食品检测机构的运行过程中，机构需要建设对数据审核人员的监管制度，实现对工作人员的有效监管，提升数据审核的有效性与科学性。监管小组需要具备较高权限，让其深入到数据审核工作的各个流程中，最终让监管小组充分发挥对数据审核过程的监督作用。另外，在监督小组的工作过程中，还需要对数据审核人员的从业素质进行深入调查，让食品检测机构能够对工作人员的从业素质有清醒认识。

（四）提升从业人员的专业素质

提升从业人员的专业素质基础为通过规章制度对从业人员的行为进行约束与指导，最终让数据审核人员能够自发提升专业素质。此外，检测机构还需要通过以下措施达成目的。①招聘环节强化审查。在机构招聘过程中，不但要对应聘者的数据审核能力进行研究，还需要对应聘者的知识学习能力等方面进行分析，从根本上保证工作人员的素质。②在工作过程中对工作人员进行培训。对于食品检测数据审核来说，需要从业人员对食品检测过程有一定了解，所以机构需要向工作人员提供培训，让其能够将两部分知识进行深入融合。

食品检测数据审核涵盖内容更多，所以工作过程中，需要让审核人员能够深入到食品检测过程中，提升数据审核的科学性。另外，要提升数据审核的准确性，还可通过建设规章制度、加强数据审核过程监管和提升工作人员从业素质达成目的，促进食品检测行业更好更快发展。

第二节　食品检测数据准确性

本节指出了食品安全问题是关乎广大群众身体健康和生命安全的大事。近年来，各种食品安全事故频繁发生，引发了人们对于食品安全的关注，并对食品质量安全提出了越来越高的要求。为保证食品安全，应当加强食品检验，不断提高食品检测数据的准确性，进而保障检验结果正确无误。从制定统一的食品检验标准出发，就如何提高食品检测数据准确性进行了深入探讨，以期能够确保食品的质量和安全。

一、制定统一的食品检验标准

为能够有效提高食品检验数据准确性，必须制定先进统一的食品质量检验标准，这样才能确保食品检测过程、结果和报告严密而统一，防止检测机构出具的检测结果存在明显的差异化问题。为此，在食品检验标准制定过程中，应当吸收和借鉴发达国家的质量标准和经验做法，充分考虑国内实际，制定与中国特色相符的质量标准。所制定的食品检验质量标准，必须囊括所有的食品大类，将所有食品均细分至各食品大类。同时，对于有害物质，也应进行合理细分，比如说，可分为食品添加剂、工业添加剂、病虫害以及农药残留等。在此基础上，还应按照食品分类制定出统一的检验标准，并确保所有食品检验检测机构予以落实。

二、加强抽取样品控制

在进行抽样前，第一，制定合理的抽样工作方案，按照随机性地原则进行抽样，保证所抽取样品的代表性。第二，保证样品在检验之前完好无损，既没有遭到污染，也没有发生变质现象。第三，确保抽样工具和样品盛装容器洁净，禁止使用有毒和有害物质，防止样品被带入其他杂质，如果是微生物检验，还应在检验前对相关工具或容器进行灭菌处理。第四，加强人员控制，在样品检验检测过程中，抽样人员不得参与其中，必须做到抽检分离。

三、选择恰当的检验方法

食品的检验方法主要有三种，分别为感官检验、微生物检验以及理化检验。实验室工作主要是根据相关产品和方法标准进行的，也有一些相关法律法规，都是实验室检验检测工作的重要资源。一方面，食品检验应以国家、行业以及地方等标准为主要依据，提高检验检测工作的规范性，保障检测数据的准确性。另一方面，及时更新相关的标准，依照新标准和新方法开展检测工作，部分检测方法以及标准存在多种方法，此时应当综合考虑实验环境、软硬件设施配置、人员技术条件等选择恰当的实验方法进行检测。但是很多检验方法和参照标准并没有及时得到有效更新，即便按照标准要求进行检测，也难以使检验结果满意，对于实验室来说，可以结合自身实际进行检验检测方法研发，这就需要对所用仪器设备、人员技术以及实验室环境加以确认，也可以针对所采用的方法进行适当比对与验证，以提高检验检测效果。

四、规范药品试剂与标准物质的管理

食品检验的准确性往往会受药品试剂的影响，如果药品试剂出现问题，就会导致整个检测工作全部报废，倘若其中含有剧毒性物质，加上使用和管理不善，所造成的后果将是极其严重的。因此，必须规范药品试剂管理，根据药品或试剂的特性以及保质期长短选择恰当的保存方式，实验室工作人员也应定期检查，及时更换过期或变质的药品试剂，如果药品试剂有保存温度的要求，还应将其放置于有冷藏功能的柜子里。

标准物质的管理也同样至关重要，主要用来校准设备、对测量方法以及给材赋值的材料和物质进行评价。对于采购的标准物质，实验室必须进行验收把关，其一，保证采购的制造商资质达到要求；其二，检查标准物质包装是否存在破损情况，有无异常；其三，对产品证书标注的生产日期、保质期等信息进行仔细查看，看是否满足要求；其四，如若实验室条件允许，可对标准物质加以测量，看检测数据是否与给定值一致。

标准物质的管理必须由专人负责，并设置专门的标准物质存放区域，建立标准物质入库、领用和退还台账，如有特殊贮存要求，则应采取特殊措施。此外，应当建立期间核查程序，这也是《测试和校准实验室能力通用要求》明确要求的，应先制定期间核查计划，严格按照标准物质特性及用途开展期间核查工作，对于存在变色、破损或变质的标准物质，应当予以妥善处理。

五、强化仪器设备管理

仪器设备性能与状态的好坏不仅能够体现出实验室管理及工作人员素质水平，同时也是开展检验检测工作的重要条件。为了确保检测效果，实验室应当引进先进的检测仪器或相关设备，安排专人负责管理，并建立授权使用人管理制度，做好仪器设备的维护与保养工作，标出每台仪器或设备的适应状态，比如说准用、停用或可使用部分功能，在取得检测值后，还应按照检定或校准结果的修正值加以修正。对新购进安装的设备，应当在检定合格后才能正式投入使用，建立相应的设备档案，贴上标签后才能使用。另外，还应加强仪器设备的期间核查，如实及时，如若发现存在较大偏移，应及时报修或送检。

六、提高检验检测人员素质水平

检验人员素质水平对食品检验检测数据准确性具有重要影响，其业务知识以及技能水平的高低都会影响检验数据的准确性，如果检验人员素质不过关，很容易导致检验结果出现巨大的人为偏差。作为一名合格的检验人员，除了要有扎实的业务素质外，还应对每个环节操作要点胸有成竹，在检验检测工作过程中，按照质量手册、作业指导书以及操作规程进行，杜绝经验和形式主义。检验人员不仅要掌握检验知识，还应对仪器设备使用比较熟悉，对自己接手的项目，必须认真负责到底。

实验室方面定期组织检验检测人员参加培训，掌握食品检测最新的知识前沿，提高检验人员的业务技能水平。同时，检验人员也应加强自学，充分利用闲暇时间学习和了解新的技术，使自己的业务水平迈上新台阶，对工作时间和工作布局进行合理安排。另外，还应加强检验人员政治理论与法律法规的学习，提高检验人员的职业道德素质，避免出具虚假的数据和报告。

七、注意检验检测环境条件把控

按照规定，实验室标准温度在20℃左右，对于一般实验室，则应控制在 20 ~ 25℃的范围内，同时实验室湿度应当保持在50% ~ 70% 左右，并采取防震、防尘和防腐蚀等防护举措。室内采光也应控制好，必须对检验工作有利，对于部分产品，还需要设立特殊实验室，比如说酒类或茶类感官品评等。要保持实验室整齐洁净，每日工作完成，应当及时清理干净，仪器设备使用完毕应当摆放整齐，并覆盖防尘布，电器设备使用后应及时切断电源。

此外，应当采取各项措施控制好环境的温湿度，并加强环境温湿度的监控与记录，一旦超过允许范围，应当采取有效调节措施，比如说打开空调调节实验室温度，打开除湿机加强湿度控制。另外，严禁在实验室内吸烟，未得到允许，非实验室人员禁止进入实验室。

八、做好检验数据的记录和处理

在读取和记录检验数据的有效数字时，应当确保所读取的数字又实际意义，并对最后一位数字进行准确估计。比如说，在读取滴定管测定数据时，获得数据 17.82 mL，末位的数字"2"是估读的，数据位数应当根据仪器精度确定，数据位数也不能随意增加或减小，根本无法反映实际情况。再如，分析天平的数据应当记录到小数点后 4 位。倘若读数不足，可用"0"补齐。在对数据进行处理时，必须严格按照相关要求对多余数字进行修约处理，具体应当遵循 GB8170 规定的"进舍规则"。

为了有效提高数字处理效率，在进行加减运算时，应以数据位数最少的数据为基准，其他各数舍入要比该数多一位；在乘除运算时，各数据还是以数据位数最少的为标准，各数舍入应至少比标准数据多一个数字，小数点位置无须考虑。在数据运算过程中，要避免连续修约，要保证数据经修约后全部参与到运算过程中，这样才能保证数据最终结果和标准值一致。

随着人们对于食品安全重视度的不断提升，食品监管力度也一直在明显增强，在这种情况下，人们对食品检验检测工作的要求更高更严了，这就需要加强食品检验，确保食品检验检测数据的准确性，以此来保障食品质量和安全。具体来说，应当制定先进统一的食品检验标准，加强样品控制，规范药品试剂以及标准物质的管理，选择恰当的食品检验方法，不断促进食品检验从业人员素质水平的提升，注意实验室环境条件控制，并做好检验数据的记录与处理工作，进而推动食品检验检测事业继续稳步向前发展。

第三节　食品检测实验室存在的问题

众所周知，"民以食为天，食以安为先"，食品安全是关系民生的重要问题。在现在的社会中，食品安全已然成为热点话题，人们在追求高质量生活水平的同时，对食品的安全越来越重视，对入口的食物要求越来越高。作为食品检测的重要场所的实验室，它的正常运行直接影响到了我国人民的身体健康和食品制造业的发展，对于我国的经济发展和人们是否幸福，起着关键性的作用。实验室的规范离不开具体的规章制度，但在现实中还是存在一些本可以避免的问题，比如：实验人员的培养和规范的问题、仪器保养和定期检查的问题等，接下来将对其进行详细介绍。

一、检测人员技术水平有待提高

检测工作人员是实验室操作的重要因素之一，工作人员的检测操作以及方法应用直接决定了待测样品的结果和精确度。所以对于实验室检测人员的规范和指导尤为重要，实验室检测人员应该熟悉与我国食品安全相关的法律法规，对实验室操作规范了然于心，理解检测的原理和方法，能够熟练并标准地操作实验仪器并对其进行清洗和检修工作，对检测结果以及实验数据能够进行正确的处理。现在对实验室检测人员的不足之处进行以下两个方面的阐述。

二、检测人员实践操作能力不够

现有的实验室管理人员在进行招聘时，为了提高整个团队的专业素质水平，往往更加倾向于对于高学历人才的选择，这种做法不仅加大了公司更多的资金投入，短时间内也无法保证实验操作结果的准确性。新入职的员工虽然具有高学历以及丰富的理论知识，但对于具体的检测操作缺乏实战经验，他们在工作的前期需要一定的时间，来重新学习仪器的操作原理和操作方法。而对于意外的发生，新入职的员工缺乏足够的经验和随机应变的能力。还有一些实验室对于原在岗的工作人员没有进行定期的培训，使得一些具有丰富经验的员工没有及时学习新的实验操作知识和了解新的法律法规，无法适应新形势下的实验室操作。

检测实验室的管理人员在对工作人员进行培训时，不仅要注意引进高学历高技术人才，也要注意对在岗工作人员进行培养和培训，保证整个实验室的专业水平，以此来保证整个实验结果的可靠性和精确度。

三、检测人员对检测原理不够清楚

很多工作人员在新入职的时候只学到了如何使用仪器和如何进行实验操作，却对于实验操作原理没有进行深入的了解和学习。反应原理和操作步骤的学习是实验室操作的重要前提，只有对原理进行了充分的了解，才能够最大程度保证实验结果的正确性，并且减少因为错误带来的损失。现在的检测人员对于理论知识的欠缺，会带来很多的负面影响，首先在进行数据分析的时候只会套用公式，不懂得具体的原理方法；其次在出现异常的实验现象时，不知道出现的原因和解决方法，不懂得如何进行调整；甚至在实验仪器发生故障的时候，也没有足够的理论知识去进行及时维修。

实验室的管理人员在对新员工进行入职培训的时候，要注意实验原理的讲述，使员工清楚明白实验现象产生的原因，以及操作步骤的合理性，能够找到异样现象发生的原因并且可以进行妥善的处理。

四、操作环境的管理和维持

操作环境对实验结果的影响很大，比如实验室的温度、操作条件所要求的压力、实验仪器的规范使用，等等。这些因素的改变都会直接影响所测得的实验结果。接下来的内容主要从实验仪器和操作规范两方面进行简单的阐述。

五、实验设备的维护和检修

要想保证实验结果的正确性，除了检测人员的正确操作，还有一个重要因素就是保证实验设备的精密度。在实验室中，为了保证实验结果的精准，实验室用的仪器很多都是灵敏度很高的仪器，这些仪器在使用的时候就需要格外注意，小心谨慎地操作使用。避免沾污和损坏，尤其是一些光学仪器，在实验仪器使用完毕后，要放到特定的环境进行存放。除了仪器的小心使用和存放，还要对仪器进行定期的检修和维护，以此来提高仪器的使用寿命，保证仪器的精密度，进而保证实验结果的正确性和精确度，提高检测结果的可靠性。

六、提高实验操作的规范性

实验操作是人为的实践活动，结果一定会存在一定的误差，而保证操作的规范性可以尽可能地减少实验的系统误差。系统误差包括仪器误差、理论误差、操作误差以及试剂误差。操作误差有很多产生原因，比如：在使用量筒量取液体体积的时候，要注意视线与液体的凹平面持水平状态，避免偏高或偏低。在选取样品的时候要遵守普遍性和代表性的原则，选取可靠的样品是进行实验的前提。只有在实验操作过程中每一个步骤都严谨规范，才能看到该有的实验现象，获得正确的实验数据，保证实验结果的正确性。

食品检测实验室是食品安全的最后一道防火线，只有保证检测结果的准确性才能进一步地保证食品的安全。食品的安全跟人们的身体健康密不可分，是人们获得幸福感的重要来源，对我国的食品安全也起着十分重要的作用。因此，保证食品检测实验室的操作规范，提高检测质量，是目前工作的重中之重。

第四节　食品检测实验室风险管理

如今，国家和社会群众对于食品的质量与卫生安全问题越来越重视、越来越关注。食品检测实验室，必须严格落实自身的职责，保障好群众的饮食安全。为此，管理人员应当切实做好食品检测实验室的风险管理工作，防止食品检测过程当中出现任何的风险因素，保证食品检测结果的准确性。本节基于作者自身的实际工作经验与学习认识，主要就食品检测实验室的风险管理提出了部分探讨性建议，以期能为相关工作的实践提供参考。

食品检测实验室的主要任务是检测食品的质量与卫生，营造健康的社会饮食环境，保障群众的饮食安全。不过，在食品检测过程当中，可能会出现各种风险因素，影响到食品检测结果的准确性，这样的情况显然人们是不能够接受的，因此必须要切实做好食品检测实验室的风险管理工作。

一、样品抽取与保存的风险管理

样品抽取与保存是食品检测实验室检测工作靠前的环节，其对于检测结果的准确性具有很大的影响，如果发生风险，便会直接导致后期的检测工作无效。为了做好样品抽取与保存的风险管理工作，检测人员首先是要确保样品的抽取具有代表性、普遍性，不能在特殊的环境条件下取样，对样品的清洁也要保证采用合理的方法，不能破坏样品本身的性质，保证其原有的物理化学性质和微生物等特性，防止对其造成污染，给检测带来风险。取样完成之后，如果不需要立即进行其他工作，便需要科学的保存样品，不能因为环境因素导致样品变质。对于样品制备来说，样品应维持均匀。部分食品检测需要对样品对应的物理形态加以改变，例如，固体样品于检测之前需要粉碎同时混合均匀；而液体样品则需要搅拌充分。同时，对于相同食物，若其检验项目不同也应选取相匹配的检测方式，从而确保检验结果符合食品实际。

二、检测仪器运维的风险管理

如今的食品检测实验室检测工作在很大程度上都依赖于各类的检测仪器，它们的功能越来越强、运行效率越来越高，同时结构也越来越精密，管理人员必须要对其做好运维方面的风险管理，才能使其有效地投入到食品检测中来，保证食品检测结果的准确性。例如，要针对各类不同的仪器，制定相应的维护周期，对于使用频率较高的仪器，维护周期要稍短，使用频率较低的仪器，则可以适当地延长维护周期。维护过程当中的各项规范也必须要明确，日常性的维护，可以由实验室工作人员自行负责，涉及仪器内部结构的维护，则需要由专门的工作人员负责，保证维护的专业性，这样才能保证仪器的正常、高效、稳定运行，确保检测结果的准确性。对此之外，管理人员还需要对仪器的使用进行管理，要求所有的工作人员严格按照规程操作仪器，引进新仪器的话，需要对仪器的操作人员进行专门的培训。并且还应当根据工作人员的各自责任范围，详细划分仪器的使用权限和责任范围，坚持谁使用谁负责。

三、检验药剂与耗材的风险管理

在实际的食品检测实验室检测工作当中，检验药剂与耗材对于检测结果的准确性同样具有很大的影响，对此人们也需要做好风险管理方面的工作，强化对检验药剂与耗材的控制。具体来说，从检验药剂与耗材的采购环节开始，就应当制定严格的规定，对其质量进行把控，优选供应商，不仅要考虑到成本问题，更要考虑到供应商的信誉问题和产品质量问题，把握好其二者之间的平衡。另外，还需要对新采购的检验药剂与耗材进行抽查，保证其能够真正符合食品检测工作需求，并做好对检验药剂与耗材的保管工作，防止其变质、损坏。

四、人员的风险管理

人员是影响食品检测实验室检测结果准确性的最大因素，所以对人员做好风险管理工作其实应当算是最为重要的。例如，应制定科学的人员管理制度，对检验人员相应操作实施严格规范以及监管，确保检验各项环节均契合检验需要。并以人员相应检验水准为导向实现针对强化，对在岗人员实施有效的培训，以新形势为导向有针对性地编制培训内容。其中应涵盖新设备对应的使用规范、检验流程的具体要求以及实验室相应制度规范等方面。并且，还要从实际的检验操作流程出发，制定、编写对应的操作指导与规范，突出不同检测项目操作的针对性。再者，在实际的食品检测过程当中，由于部分项目还含有一定的微生物检测指标与内容，所以管理人员还必须要从更加科学、严谨、细致的角度出发，控制、防范好影响微生物检测的各类风险因素，全力保证检测结果的准确性。

为了落实责任、发挥使命，营造健康的社会饮食环境，保障群众的饮食安全，管理人员必须要重视并切实做好食品检测实验室的风险管理工作，保证检测结果的准确性，从而为食品监管提供科学、有力的依据。

第五节　食品检测实验室质量控制管理

当前人们对生活质量有着很高的追求，其中食品安全作为直接影响人们生活质量的要素开始得到人们的普遍关注，相应的食品检验也被引起高度重视。食品检测实验室是进行食品检验的场所，实验室质量控制管理效果会直接影响到食品检验成效，进而直接影响到饮食安全。由此可见，只有做好食品检测实验室的质量控制管理，才能够更好地保障饮食安全，才能够在我国食品安全工作上获得良好的成绩，维护人们的生命健康以及生活质量。本节将重点就食品检测实验室质量控制管理措施进行探讨。

食品检测是维护食品安全的工作根本，要求获得的检测数据要安全可靠以及精准，这样才能够得到准确的检验结论，让人们可以吃到放心安全的食品。食品检测实验室是食品检测工作的主阵地，其检测质量和实验室的质量控制管理效果会直接影响到检验成效。这就要求食品检验实验室在实际运转的过程中提升业务质量，同时树立先进科学的质量控制与管理理念，完善质量控制和管理方法，尽可能地降低检测误差，提高检测结果的有效性，为我国食品安全的全面进步提供支持。

一、食品检测实验室质量控制管理的必要性

食品安全问题是影响广大人民群众生命健康的一项大事，但目前食品安全问题频发的情况让人们对食品安全的担忧逐步增多，对食品安全监管部门的质疑在不断增大。三鹿奶粉、三聚氰胺等事件给人们敲响了警钟，也让人们对食品安全的重视程度大大增强。而且伴随着国家经济发展水平的提升，人们对饮食要求逐步增多，尤其是关注吃得安全和健康。为了最大化的满足人们的食品要求，为我国食品安全事业的稳定发展做出贡献，就必须加强对食品检测实验室的建设，同时在实验室的运转过程当中要做好质量控制管理，让食品行业可以步入到稳定持续发展的新阶段，也让人民群众的生命健康得到有效保障。

二、食品检验实验室质量控制管理的方法

（一）构建仪器维护校准制度，优化布局安排

食品检验实验室的质量控制管理重点首先需要放在大型检测仪器方面，这些仪器能否在检验工作当中稳定安全地运转，能否具备极高的精准度，将会直接影响到检验效果。为了保证各项检验的有效运转，实验室要根据食品检验工作的实际要求构建完善的仪器维护校准制度，并对该制度进行全面贯彻落实。针对各项实验室的检验仪器，必须要配备专门人员对其进行定期的维护和校准，并记录维护校准的各项信息资料，并对这些资料进行保存和有效保管，以便为接下来的仪器使用和日后维护管理提供根据。通过对维护校准制度的落实，能够有效保障各项检验检测仪器在适宜环境条件之下完成检验工作，进而提升仪器的使用寿命，与此同时，还能够保证检验结果的准确度，维护检测质量。除此以外，还要对实验室的整体布局进行优化，这样做的目的是为了保证仪器在日常管理和工作运转当中的稳定性，消除其他因素的干扰。先要对实验室的通风换气、电路装置等条件进行客观分析，在此基础之上恰当放置各项实验仪器，实验仪器在日常保管当中较为脆弱，温度、湿度等环境变化都会影响到仪器使用，从而影响到检测效果。于是要考虑到实验室的条件，了解不同实验仪器的环境要求，避开不利因素，维护实验仪器的正常使用。

（二）完善质量监督管理体系，保证检验结果

食品检测实验室的质量控制管理是一项关系食品安全的大事，而要保证质量控制和管理工作能够真正落到实处，尤为关键的是要建立一个系统性的质量监督管理体系，具体要做好以下几个方面的工作：第一，结合食品检测实验室质量监管工作的要求，设置专门的质量部门，并配备专门的工作人员，确保各项质量管理工作能够拥有完善组织机构作为保障。这样各项质量管理事项都有专人负责，可以显著提高质量管理的效率和成效；第二，树立正确的管理理念，明确对质量监督管理工作的正确认识。食品检测实验室要想从根本上维护质量，做好内部的质量监督是关键，而且通过完善的质量监督能够及时有效的发现日常工作当中出现的突出问题，进而有效消除质量检验当中的隐患问题，以免得到不合格和不准确报告。在管理理念方面，尤其是要树立全过程的质量管理理念，也就是要做到事前预防、事中检验和事后监控；第三，在正确质量监管理念的支持下，制订完善的质量监督工作计划，并根据实验室各项检验工作的实践要求进行规划的调整，最终构建一个科学合理的质量监管体系，保证各项质量管控工作的规范化进行。

（三）建设实验室设施与环境，加强设备管理

食品检验实验室应该拥有十分严密的机构，配备完善化的实验设施，同时还要保证各项环境条件符合检验要求，这样才能够维护仪器设备的运转。第一，制定严格的食品检验规范，根据食品检验活动展开的要求配备相应的仪器设备和各项实验装置。实验室当中的基础设施和整体环境设置必须要满足以下要求：其一，保证设施与环境可以和检验方法相适应；其二，保证设施与环境能够维护各项设备仪器的运转使用；其三，有效规避交叉污染因素，保证设施和环境设置能够让检验人员的健康不受伤害。具体可以将存在相互影响的相邻区域进行隔离管理。在采集各项仪器设备前，需要制定完善的采购计划，评估供应商的资质，并对各项仪器设备进行质量检验，检验全部合格之后，才能够在实验室当中使用。第二，做好各项仪器设备的管理工作，保证其有效运转。实验室要配备专门的人员，负责对这项游戏设备进行日常管理和特殊管理，但每次使用完仪器设备之后需要对其进行全面清洁，也要定期对这些仪器设备进行保养维护，及时发现设备运转当中的问题，以便对其进行有效修理，维护设备的使用功能。对于修理和维护保养的各项信息需要记录在册，并做好各项记录资料的保管，为今后工作的开展提供依据。

（四）加强相关人员教育培训，提高检验质量

食品检验实验室的质量控制与管理是一项复杂的工作事项，对检验人员以及质量控制管理人员都提出了较高的要求，而且他们的素质与能力将会直接影响到检验质量，从而从整体上影响到我国的食品安全工作。为了保证各项工作顺利落到实处，食品检验实验室要对相关工作人员进行全方位的教育培训。针对食品检测工作人员，实验室需要将教育培训的重点放在培养他们的专业素质能力上，使得他们能够掌握多元化的食品检验方法与技巧。

与此同时，还要关注食品检验人员职业道德素质的提升，要求每个检验人员都能够在工作当中树立责任意识，将保证检验质量作为工作核心，进而得到科学准确的检验结果，为检验质量的提升提供强有力的保障。针对质量控制管理人员，实验室需要把教育培训侧重点放在培养他们良好的质量控制能力和管理能力方面，使得他们能够不断优化自身的管理意识，有效运用多样化的质量控制方法以及管理策略维护实验室工作的秩序，保证各项工作的开展质量。在教育培训工作结束后，还需要有针对性地对他们进行考核。

饮食安全是关系人们身体健康的大事，因此开始得到人们的普遍关注，相应的食品检验实验室逐步建立起来，并在食品安全检验方面发挥着重要作用。为了更好地推动食品市场的可持续性发展，食品检测实验室必须明确食品安全的要求，在实验室的质量控制和管理方面进行深层次的研究，构建完善的质量控制与管理体系，保证检测结果准确，从而为我国食品安全工作的全面实施提供重要根据。

第六节　食品检测中样品处理的注意事项

食品检测在食品的产出与营销当中是不可忽视的环节，其中最简洁的方法就是样品检测了，那么样品自然显得尤为重要了。为了保持检测处理结果的真实性，样品就要受到很好的保护，不能够有不当的污染以防在出检测结果的时候产生误差，导致结果失真。在这里为了能跟业内人士以及各路学者共同研究共同进步，作者将会把自己的想法以及经验分享出来，主要包括取样品、如何保护样品不受污染、如果受到污染将对结果产生何等影响，这些方面。

一、当前样品处理对食品检测造成的影响

样品处理程序不同造成的影响。样品是需要处理的，而处理是有程序的，按照标准规定的方法来处理，遵循该有的操作及步骤，倘若随着自己心意任意篡改操作步骤，操作流程，比如删除其中某项步骤，又或者将后者置于前者之上，这些行为都会使检测出的结果远远偏离真实结果，由于其的不规范性。某些较为简单的样品处理起来也相对简单，复杂的样品自然更难于处理。样品或新鲜或干燥，或盐浸，或冷冻，状态各有不同。不论人工操作还是设备操作，都对样品检测起着至关重要的作用，因为这两者都会影响检测结果，如果人为环节出现问题，检测结果将偏离，设备虽然比人要精确，不易出错，但是一旦出现问题，便会污染样品，也许会对结果造成更为严重的影响，导致检测结果更加偏离。由此可见，设备方面跟人为方面都有着同等重要的作用，两者都做到精准，检测结果自然也差不到哪去。

样品处理方法不同造成的影响。随着社会的不断进步，科学技术的日益精进，在食品检测方面也有着不凡的进步，刚刚兴起的检测技术也有很多种，并且逐步地在推广，随着

人们的使用，改进，技术也趋于成熟，趋于精准。食品的不同自然导致处理方法的多样化，又由于当今食品的种类繁多，数不胜数，一旦某些小的环节上出现了失误，随之而来的便是与实际结果相偏离的数据。常用的样品处理方法有生物成像测量技术、革兰氏基因提取方法等等。采取不同的检测方法，前期就要有不同的处理要求，多种多样的处理方式也就将呈现多种多样的内容。越是处理方法的多样化，在选择上越是要谨慎，合适的方法要用在合适的检测当中，对于样品内部结构的测量上，要采用什么样的技术，对营养素这一指标的测量上需要用到何种技术，以及基因检测，对症下药，方能药到病除。

二、食品检测中样品处理的几个注意事项

注意样品采集来源。样品的采取是十分重要的一个步骤，选取得够代表性，结果往往越是真实有效。由此可见，采集过程就是一个技术活了。说采集样品是个技术活，是因为它很复杂，采集的时候不仅要考虑到用什么方法采集，该在什么时候采集，用什么设备来采集它。这一切因素都将对其质量产生不可忽视的影响。并且在选用方法的时候，要保证不会对原来样本造成质的改变，比如结构变了，性质变了，这是不可以的。并且来源也要一致，这也是尤为重要的。采集之后，要把样品放在足够干净的器皿当中，不能因为细菌污染等不必要原因，导致样品发生变化，因为储存方式要选对，及时冷藏。

注意样品所处阶段。为了使检测能更有代表性，食品检测的过程采用的样品应该跟需求人处的一致，这是安全方面重要的一部分。但因为需要检测的样式比较多，检测所用的方式所需周期不短，造成了很大的成本。便造成了客户处与采集时的有所区别。为了解决这个难题，可以采取以下两种方法，在该成品销售的时候进行采取样品，这种方式是最准确的，因为在销售的时候采取的样品更有代表性，人们所亲身食用的食品更能体现其安全状况。还有一种方式就是在它的生产阶段，该阶段并不是那么具有代表性，所以并不太赞同这种。

注意样品所属食品类别。根据不同的食品类型，要采用不同的检测方式，也就是所说的食品种类。不同的检测方式针对不同的类别才会有不同的检测结果。豆类食物，油炸类的，不尽相同。在检测中要注意进行分门别类，这样才能提高检测效率，精准检测结果。在处理的时候也要注意一些技巧，技术的应用。活性好的样品，就用流通法。活性弱的，就要用到膜萃取。

注意样品检测项数目。检测工作是一门比较繁重的工作，检测的食品越多，种类越多，检测起来就越难，耗费时间也长，工序也变得复杂，工序之上还要采取特定的方法进行处理。处理过程中以及采取样本的过程中还要考虑其内部构造，本质是怎样的等等一系列因素，因为这些因素都影响考量结果的重要因素。

食品检测是一门学问，检测的方法不仅要准确还要系统。样品的重要性是其灵魂所在。合适的样品出处，合适的取样阶段，以及适当的取样方法，既能保证结果的准确度，又能确保其有代表作用。

第七节　新准则下食品检测实验室管理的改进

近些年来，随着人们生活水平的提高和对食品质量安全关注度的增加，食品的检验力度和效果愈加受到人们的重视。对于食品的质量安全检验而言，食品检验实验室的有效管理，在很大程度上影响着食品的质量。基于此，本节主要对新准则下食品检测实验室管理进行分析，探讨其改进对策。

一、食品检测实验室管理的重要性

食品的安全涉及人们的生活质量和身体健康，是人们极为关注的问题，在新准则下加强对食品质量的安全检测，不仅可以优化对食品质量的安全监管，而且还有益于人们的身体健康，促进食品产业的发展，对社会经济发展和人们生活水平的提高都有着重要的作用。

二、食品检测实验室的特点

（一）检测的食品种类多、涵盖范围广

截至 2017 年，我国食品质量安全准入制度将食品分为 28 类，在食品添加剂的标准中，将食品分为 16 大类，同时，每一类食品中，又包含不同的品种。

（二）使用的设备和试剂较多

在食品检测实验室中，由于食品的种类多，因此，要使用的检测设备和试剂较多。其中多数的试剂具有易燃、易爆和有毒特性，在使用时需要对其进行严格的管控。另外，需要重视设备的操作方法，避免因设备过多、使用不熟练等因素造成操作失误。

三、新准则下食品检测实验室管理的改进对策

（一）制定新准则下的食品检测管理体系

在新准则下对食品实验室进行管理，需要改变传统的管理措施，并依照新的管理准则进行管理，对此需要相关部门根据食品检测实验室的实际情况，结合先进的管理措施，制定相关的管理体系，形成新的管理文件，以此来作为新的管理准则。

（二）对实验室环境和基本设施的管理

在对食品检测实验室进行管理时，要注意对实验室的环境和设施进行科学管理，实验室的环境和设施是食品检测的基础，只有保障环境和设备符合实验室的管理要求，才能提高食品检验的效率。而管理环境和实验室的对象主要包括煤气、燃气、水电、防火设施和通风设备等。

（三）对化学试剂以及待测样品的管理

对实验室中的化学试剂和食品待测样品进行管理，是进行食品检测的重要工作。因此，要重视这项工作，按照相关部门制定的相关规定，来严格制定检测环节，确保检测的准确性和科学性。另外，需要注意实验中所使用的无机试剂，这种试剂具有较强的腐蚀性以及强烈氧化还原反应，对此必须做好防护工作，随时随地做好相关记录，并对记录进行整理，方便后期检查工作开展。

（四）对实验室仪器设备的管理

在进行食品检测的过程中，实验室中的设备都有一定程度上的危险性，影响着检测的质量和检测人员的安全性。因此，相关人员必须对要使用的设备和已经在使用的设备进行按时检查和检定校准，确保设备的使用质量，减少检测中存在的安全隐患，与此同时，还需要对实验室中的全部设备进行相应的维护和保养，确保食品检测设备的检测效率。

（五）对食品检测人员的管理

检测人员在检测工作中占据极为重要的地位，是检测工作有效进行的关键，因此，要求全部的工作人员都需要具有足够的专业知识和检测技能，同时，检测人员还要熟悉所要使用化学药品的物理特性、性质和危险程度，这样可以有效提高检测工作的检测效率。在实验室检测管理体系中，进行检测的技术负责人员，对检测工作的顺利进行有极大影响，要求其具备较高技术水平。另外，在对检测人员进行日常管理的过程中，需要重视对现代通信技术的使用，如微信、QQ等，实现"引进来""走出去"，引进高校和专业技术人员的宣传讲座资料，使使用的检测技术与实时内容相结合，优化检测的效果。

总而言之，在新准则实施的前提下，改进食品实验室，有助于促进对食品检测实验室的良好管理，建立一个有据可循、有理可依、有章可查的食品质量检测管理氛围。

第八节　食品检测实验室生物安全管理

随着食品行业的快速发展，食品安全卫生问题也随之增多，如药物污染、微生物污染、添加剂超标等问题层出不穷。食品安全问题可能引发多种疾病，影响人的身体健康，食品微生物检验是评价和保证食品卫生的手段，因此，应该加强食品中微生物的检测。然而，在检测食品微生物时，实验室需要保留相关标准菌株，这会给实验室带来生物安全风险。。

一、食品检测中生物安全隐患

安全是指避免遭受伤害，生物安全也就是避免遭受生物危害，在实验室检测中涉及生物因子的操作均可能造成生物安全隐患。食品检测前处理过程会用到大量有毒有害的试剂，这些试剂具有致癌性、易燃、易爆等特性，稍有不慎，就会给实验室人员、周边环境和居民带来不可估测的损害。食品中微生物的检测也会存在许多生物安全问题，动物性和植物性食品本身就存在感染性生物因子，加工后食品也容易遭受微生物的入侵。微生物菌种培养、接种、纯化、鉴定和保存等检测过程中生物因子也侵害实验室工作人员，此外，紫外灯消毒可引起人体不适，甚至引发癌症。

二、食品检测实验室生物安全管理措施

（一）防范生物安全隐患

实验室生物安全隐患存在于实验室的各个环节中，稍不注意就会威胁到实验室生命财产的安全，因此，工作人员需要采取一系列措施来防范这些隐患。第一，配备安全防护设备，及时更新陈旧设备，确保设备正常运行，从而起到有效防护的作用；第二，实时监控微生物检测流程，加大质量监督的力度，避免操作中遭受生物因子的侵害；第三，微生物检测中实验人员应穿生物防护服，实现高级别的人身防护，彻底隔离生物因子。

（二）控制微生物检验条件

①环境。实验室测试需要测试结果的准确性，因此实验室微生物测试必须远离可能影响结果的物理因素，譬如电离辐射、噪声和沙尘等，同时还要防止老鼠、蚊子、苍蝇和蟑螂等易携带感染性生物因子的动物进入实验室。②人员。首先，实验室检验人员应具有微生物专业基础或曾经从事过微生物检测工作的经历；其次，检验员应熟练掌握实验室生物安全方面的知识，熟悉微生物检测流程；再次，实验人员熟悉全套检测设备，且会熟练操作，还能独立完成微生物检测工作；最后，实验者应定期去参加测试设备和测试技术的培训，并熟练掌握微生物测试的基本技能。③设备。为使实验人员免受生物因子的威胁，实验室应专门配备生物安全柜和高压灭菌器，以及喷淋、洗眼等安全防护设备。④试剂耗材。微生物检测用培养基应该严格按照相关标准准备，培养基的配制所用溶剂和耗材也应严格按照标准的规定执行。此外，操作过程也需严谨，防止混入影响检验结果的杂质。创造干燥、低温、密封和零空气的条件来保藏菌种，一方面确保菌种存活，不受污染；另一方面避免细菌泄露，保护实验室工作人员的人身安全。

（三）构建标准实验室

食品检测实验室应该严格按照强制国家标准 GB4789.1-2010 的要求单独建立微生物实验室，具体要求有以下几点：第一，实验室布局要合理，办公区与试验区应分开，试验区应按照试验步骤要求分区，主要分为操作区、培养区和无菌区等。操作区可进行培养基的配制、样品的前处理、器皿的洗涤、器具的灭菌、一些生化试验、显微镜观察和细菌的计数等，菌株的接种、纯化和移植需要在无菌区进行，微生物的培养当然必须在专业培养区进行；第二，实验室布局时要注意整个检测流程的连贯性，区与区之间不宜设置过远，避免增加工作人员的工作量，也避免操作过程中的交叉污染；第三，配置微生物检测的一系

列设备，建立无菌操作的专用实验室，配备生物安全柜，确保实验室人员的生命安全。

（四）加大监管力度

食品检测实验室比较侧重实验检测的流程与结果，往往忽视生物完全方面的日常管理，这样会大大增加生物因子的感染的可能性，因此，工作人员需要加大食品检测实验室生物安全的监管力度。第一，禁止非检测人员进入无菌室，无菌室应保持整洁，定期对无菌室进行消毒处理，定期检查无菌室空气状况，保证微生物检测有一个相对无菌的条件；第二，规范实验人员的行为准则，严格规定微生物实验室的使用；第三，完善实验废弃物安全处理制度，加强监管，确保制度运行有效。

（五）建立生物安全管理体系

一是建立一支高素质、高质量的生物安全监管管理队伍，对实验室每一环节进行质量监督，确保完全监督完全覆盖整个实验室。二是指定实验室生物完全责任人，提高实验人员的责任感，使实验室人员权责分明，也能有效约束相关实验人员。三是定期开展生物安全培训，提升实验室人员的生物安全防护意识，从而确保微生物检测工作正常有序进行。四是健全奖罚机制，鞭策实验人员自觉遵守实验室生物安全管理制度。

实验室生物安全是实验室安全的重要组成部分，它可给实验室带来重大安全事故，即使是食品检测实验室也不可避免存在许多生物安全隐患，因此，食品检测实验室生物安全管理意义深远。食品检测实验室可以采取防范生物安全隐患、加大生物安全监管力度、构建标准微生物检测实验室、控制微生物检测条件和建立生物安全管理体系等五点措施来加强生物安全管理。食品检测实验室有责任加强生物安全管理，提升实验室生物安全管理水平，从而实现可持续发展。

第九节　食品检测实验室中大型仪器设备的管理

国家完善了对于食品安全法律法规的制定，对于食品安全的重视程度很高。食品检测机构致力于食品安全检测的一线，需要严格履行自身的社会义务。科技的发展，更多的高精尖检测设备投入到日常检验中。大型仪器设备会提高食品检测效率与准确性。大型仪器设备精密度高，对于仪器设备的管理上提出了更高的要求。

一、实验室大型仪器设备的概念

根据国家质检总局颁布的《有关实验室大型仪器设备的建设基本要求》文件，文件表明单价超过十万元的仪器设备均属于我国实验室的大型仪器设备的范畴。对于配套仪器设备，整体价格在十万元以上的，同样属于实验室大型设备。对于过于陈旧、过时、技术落后的仪器设备可申请降档管理，经相关部门批准后，可以不再按照实验室大型仪器设备的管理标准进行管理。

实验室大型仪器设备的采选标准

（1）前期规划。对于大型仪器设备的出资购买需要最好前期的规划工作，这是极其重要的。大型仪器设备做好高精尖科技成果的展示，因此生产制造的难度，导致其价格不菲，若采购失误对于单位的直接经济损失是巨大的。前期的正确规划可以较好地规避此问题。明确自身的采购要求，明确采购目标，将所需要仪器设备的性能指标、价格定位与所要采购的仪器设备之间一一比较，选择出最优的采购目标，避免不必要的损失。好的前期规划可以极大地提高采选效率，降低采选的错误率，将风险降至最低。

（2）仪器设备生产厂家的评估。对仪器设备的生产厂家进行现场的考察评估，了解其产品的生产流程与生产控制。明确其品牌的市场价位、市场占比率即该公司的售后服务。对于品牌口碑好，返修率低、服务意识好的企业要增加与之合作的机会，建立长期的合作伙伴关系，互利共赢。

（3）做好仪器设备的验收工作。仪器设备生产厂家在交付前需要对仪器设备的调试负责，调试完成后，购买方负责验收，各类设备零部件、仪器设备性能指标均满足要求后方可验收通过。在使用过程中随时与仪器设备生产厂家进行联系沟通，随时就仪器设备的使用情况反馈给厂家售后人员，以便仪器设备在长期使用期间无故障隐患。

二、实验室大型仪器设备的管理方法

（1）大型仪器设备的使用管理。大型仪器设备使用前，需要对大型仪器设备的计量准确性上进行周期性检查与不定期抽检，确保设备在使用前的准确性，

对于仪器设备的调试、校准起到决定性作用。大型仪器设备在使用期间需要定期维护、保养。维护人员应该持证上岗，严格按照操作流程，认真记录维修保养过程、数据。维修要保证及时性，对于有损仪器设备要及时上报。对于易损零部件进行定期抽检，保证仪器设备异常情况的及时发现与解决。对于大型仪器设备的使用上要更加仔细，微小的失误可能会导致一次仪器设备的故障。若上述情况反复出现，对于仪器设备的准确性造成隐患。

（2）大型仪器设备的人员管理。大型仪器设备由于造价不菲，需要特殊对待。委派专员负责仪器设备的管理，仪器设备的操作需要由专业技术人员执行。对仪器设备的使用、维护方法进行定期的培训工作。提高日常仪器设备的使用效率，由于大型仪器设备的先进性，在新技术领域要发挥出更大的作用。合理安排使用频次，各大视频检测实验室要做到资源共享，将资源的利用率最大化，更好地服务于民。

（3）大型仪器设备管理网络化。随着信息技术的发展，互联网越来越普及，传统的单机操作已经不能满足快速发展的社会要求。顺应当今形式，食品检测实验室对于大型仪器设备的管理上也应该做到网络化。通过网络化的便捷与高效，合理地分配资源、信息共享。通过互联网对大型仪器设备进行更好的监管，提高管理效率，弥补管理薄弱环节，更好的实现现代化、信息化管理模式，使得食品检测实验室更加高效、合理的运行。

本节就食品检测实验室中大型仪器设备的管理出发，通过对实验室大型仪器设备的概念、实验室大型仪器设备的采选标准、实验室大型仪器设备的管理方法三个方面加以论述。实验室的大型仪器设备需要按照国家相关法规，严格执行管理制度，确保仪器设备可正常监测，为消费者提供更优质的社会保障，提高食品安全性，造福于民。

第十节 食品检测实验室标准物质期间核查方法探究及影响

在食品检测实验室中，标准物质是不可或缺的一种实现量值传递的手段，起到保障食品检测质量并且提高检测数据准确率的作用。在检测的过程中，为了确保标准物质可以追根溯源，提高整体检测的准确度与可信度，需要将核查的期间控制在标准物质的有效期内。在此次探究中，以标准物质所具有的特点作为切入点，探讨了一些标准物质期间核查方法，深入研究并且验证了判别的规则，从而为标准物质期间核查提供了理论依据。

标准物质被确定了特性量值以及在检测过程中存在的不准确度，因此，在实践中，一般会选择使用标准物质来展开测量装置的校准，对测量方法进行评价，或者为一些材料赋值，所以标准物质在这个层面上是一种参考物质。标准物质的特性量值非常准确，稳定性也较良好，根据这两个特征，可以对测量的量值展开追溯工作。需要注意的是，标准物质自身也存在着变化，为了确保标准物质仍然可以被称为标准物质，就必须要对其进行期间核查。

一、概述

标准物质的材质一般比较均匀，定值时也比较准确，其具有非常稳定的性能，在生产的过程中按批次进行，附有生产的证书。其所具有的作用主要可以从以下三个方面来说明：①标准物质可以作为一个量值在测量仪器的校准中使用；②标准物质自身所带有的量值准确性和良好稳定性使其具备已知物质的特性，在检测中可以加以使用；③标准物质与需要检测的样品可以共同进行分析。检测过程离不开标准物质的参与，其可以保障检测的质量和数据的准确性。

正是因为标准物质是一种具备参考性质的物质，所以必须要通过对其期间来进行核查，从而保证校准状态是准确的，具体就是要核查标准物质在生产、储存以及使用过程中是否出现了质量的变化，避免因为各种外力因素所造成的偏差量值问题。食品检测实验室中对标准物质期间进行核查，主要是为了避免食品检测数据的不准确情况出现，减少因不当检测而投入的过多成本，与此同时，如果在较短的时间内发现标准物质的量值确实出现了失准的情况，追溯的时间也就被限制在了一段特定的比较短的时间内，风险系数降低。

二、标准物质期间核查的预先检查

食品检测实验室中的标准物质一般都是液体形态的，所以在进行期间核查之前的预先检查工作时，第一步就是用目视法来观察标准物质的外观，主要观察的点主要包括标准物质的包装、标识、证书、有效期、存储条件和表现形态等。例如，对一些化学类的食品标准物质进行检查时，首先需要检查是否在冰箱内存储，盛放物质的容器、标签、结块、颜色、沉淀、污染等情况。在预先检查工作中的检查项都符合要求的情况下才可以进行期间核查工作，若这些项不符合要求，则没有进行期间核查的必要。

三、标准物质的期间核查工作

（一）制订计划

标准物质的期间核查是食品检测实验室中一项非常重要的工作，实验室应根据标准物质的综合信息来制订期间核查工作的计划，制订计划的人员必须要有实验室的编制，计划所涉及的项目主要包括核查的参数、标准、频次、方法、记录、人员、评判标准、结论等，这些内容在制定完成之后都需要由技术负责人进行审查，批准后可以落实到实践中。

（二）核查方法

标准物质的期间核查需要根据物质的个体化特性来选择核查方法，主要可以分为以下4种：①化学标准物质定值法。根据标准物质生产时所附的证书来了解其参考值以及不确定度，在确定置信概率之后来找出标准物质核查值的区间，最终对核查的结果数据进行对比，如果结果数据在区间内，那么可以确定标准物质的期间核查是合格的；②根据设备以及化学的分析方法精密度核查。使用需要核查的设备来对标准物质进行分析，首先使用确定在有效期间内的标准物质来对设备进行监测分析，找出偏差，若此数据仍然符合该设备分析方法精密度，则可以判定该标准物质期间核查合格；③复现检测法。采购标准物质之后，使用已经经过检测并确定合格的器具对标准物质进行测量并记录，在展开标准物质期间核查工作时，仍然采用同样方法进行检测，计算出检测结果数据的算数平均值，如果其与首次检查结构之间的差值在合理范围内，则标准物质期间检查合格；④归一化偏差法。获取数据的方式与上一种完全一致，在获取数据之后计算出它的归一化偏差，若在合理区间内，则标准物质期间检查合格。

在食品检测室中，为了保证检测的质量以及检测数据的准确性，必须要进行标准物质期间核查，从而保证检测使用的标准物质仍然保持合格状态，既可以避免出错的情况，又可以避免过多的资金投入。

第十一节 内审在食品检测实验室质量管理体系中的作用

在实验室质量管理体系中，内部审核是其中的重要组成部分，是食品检测工作顺利开展的保障。本节主要围绕内部审核在其中的作用进行分析。

近些年来，在食品检测实验室的管理方面，由于建立了较为完善的实验室质量管理体系，使得其管理工作变得更加秩序化。但是，在质量管理体系的建立过程中，需要重视内部审核工作。基于此，围绕内审在质量管理体系中的作用进行分析具有一定的现实意义。

一、内审的相关概述

（一）主要概念

所谓内审，指的是内部审核，是对检测机构的内部工作状态进行审核的一个过程。内审工作的开展，能够保证检测机构的质量管理体系得以稳定的运行，能够及时发现检验技术上的问题，或者发现检验流程上的缺陷，从而加以改正，以促进检测机构的管理更加科学。

（二）主要原则

1. 根据既定的计划开展

内审工作是对针对检测部门内部而开展的工作，所以不管是从工作量上来看，还是从工作的流程上来看，内审工作的难度都较高。故此，在开展这项工作之前，需要根据相应的标准来提前做好计划。

2. 遵守客观的原则

内部审核工作主要是加强对检测机构内部各工作的监督与审核，所以它是以监督者的身份开展工作的。故此，内审人员在工作过程中，必须要坚持客观、公正的态度，要重视证据的客观性。

（三）内审的主要作用

1. 掌握真实的数据

在工作过程中，内审人员所记录的数据都极其重要，是为辅助质量体系不断改进的依据。要想实现对质量管理体系的进一步完善，就需要内审人员所记录的数据来支撑。由此可知，在食品检测实验室中，开展内审工作有助于掌握真实的数据，为后期的质量检测工作的开展打下坚实的基础。

2.能够保证质量管理体系的开展

定期对质量管理体系进行检查，查看体系中是否存在问题，查看工作人员的检测行为是否符合标准，都能够维护质量管理体系的开展，能够使食品检测机构的检测水平得到进一步的提升。

二、如何发挥内审的作用

（一）对内审工作流程进行有效的实施

要想将内审的作用充分地发挥出来，就需要从以下几方面来着手，以保证各阶段的工作质量。首先，在审核工作开展之前，审核人员需要制订一个较为详细的审核计划，对本次工作的范围进行确定。此外，为了使审核工作得到更好地开展，还需要以工作实际制作现场为依据，对其中记录原始审核结果的单据进行充分的利用。其次，众所周知，食品的种类具有丰富性的特点，这导致审核工作存在着一定的复杂性。笔者就以食品检测部门的其中一个部门——客服中心部门为例子，该部门需要负责的事务就非常多，包括：检测下单；样品接收；检测报告的编制；质量检测法规的宣传，等等。由此可知，内审工作有着一定的复杂性。为此，在今后的工作过程中，就需要重视审核工作的各个细节，这样才能够使内审工作得到更好地开展。最后，在审核工作完毕之后，还需要重视收尾工作，也就是做好相关资料的保存，以供后期查找使用。

（二）提升内审人员的专业素质

在内审工作中，内审人员在其中发挥着重要的作用，不管是对质量体系工作的审核，还是对内审工作的策划，他们都起到了监管以及促进的作用。他们需要具备以下几方面的经验：①具有专业的检验工作经验。也就是内审人员能够掌握多种食品检验方式；②具有丰富的工作经验。也就是内审人员具有多年从事食品检测工作的相关经历，具备一定的管理经验。如果他们不具备这些能力，那么就会影响内审工作的有效开展。基于此，食品检测机构需要重视对内审人员的专业培训，以提高他们的工作能力。此外，还需要加强对外招聘，引进一些高素质、专业型人才。内审人员不但需要对部门的管理系统非常熟悉，还需要掌握质量管理体系的相关标准要求。如此，才能够及时发现管理体系的漏失，还能够提前预测出一些潜在的问题。

（三）对内审工作实施的重要因素进行把握

内审工作主要是对机构内部工作的审核，从本质上来看，该项工作就是食品检测实验室为了提高自己的检测水平，而依靠相关的管理体系进行的一种管理活动。故此，要想使这项工作得到有效的开展，还需要得到部门管理人员的大力支持。此外，建立质量管理体系，其主要还是为了使食品检测部门能够完成自检自查，而内审工作的开展，正是为了及时发现质量管理体系中所存在的问题，并加以解决。因此，要想将内审工作的作用更好地发挥出来，就需要对该项工作的持续性有所了解，对该项工作的不断完善的性质有一个客观的认识，从而实现对各方面影响因素的整体把握。

在食品检测实验室的日常管理中，内审工作在其中至关重要，对其质量管理体系的有效开展有着重要的影响，对人们的食品安全有着较大的影响。因此，在今后的发展过程中，食品检测部门需要重视内审工作的开展，要对内审工作流程进行有效的实施；加强对内审人员的专业培训，以提升他们的专业素质以及工作能力；还需要对内审工作实施的重要因素进行把握。如此一来，就能够使食品检测工作中所存在的问题得到及时的发现，并加以改进，从而保障人们的食品安全。

第十二节　"互联网＋"时代下的食品检测智慧实验室

食品安全、食品检测是现代社会广受关注的话题，"互联网＋"时代，传统的食品检测和互联网技术实现了结合、延伸，能够进一步提升工作成效。基于此，本节以"互联网＋"时代下的食品检测智慧实验室优势作为切入点，对实验室丰富的资源、精准的检测等特点给予简述，再以此为基础，重点论述实验室的工作模式，以期通过分析明晰理论，为后续具体工作的开展提供参考。

"互联网＋"是互联网思维的进一步实践成果，可以推动经济形态不断地发生演变，从而带动社会经济实体的生命力提升。"互联网＋"不是简单的传统行业和互联网的相加，而是利用信息技术以及平台，让互联网与传统行业进行深度融合，发挥二者的共同优势。食品检测工作同样可获益于"互联网＋"，通过智慧实验室的构建，食品检测的有效性可获得提升，本节针对上述内容进行分析。

一、"互联网＋"时代下的食品检测智慧实验室的优势

（一）丰富的资源

"互联网＋"强调发挥互联网的优势，智慧实验室建设可以使相关优势得到直观体现。就食品检测而言，互联网信息共享也可以提供海量资源，为实验室工作提供帮助。如常见的大数据技术，在进行食品检测时，可以通过大数据技术收集对象目标的标准参数，将标准参数与食品检测的成果进行匹配分析，获取科学结论。此外，互联网资源的丰富性还有利于智慧实验室信息的更新。智慧实验室主要依托丰富的信息资源进行工作，"互联网＋"时代，这些资源可以被快速收集到实验室中，发挥长期的积极作用。

（二）精准的检测

食品检测工作的关键是结果是否具备科学价值，以智慧实验室作为依托，实现传统检测与"互联网＋"的融合，有利于提升检测的科学性。常规检测工作主要依托人员和设备、

仪器进行，在检测过程中，操作误差、设备老化等问题都可能影响检测的科学性、准确度，以智慧实验室作为依托，大量工作可以自动化开展，有效避免了人员操作的误差，也能够避免设备老化带来的不利影响，食品检测的精确性得到了保证。

二、"互联网+"时代下的食品检测智慧实验室工作模式

（一）大容量平台

"互联网+"时代，智慧实验室的应用强调平台的价值，考虑到信息资源在实验中的突出作用，容量越大的平台，越有助于智慧实验室发挥价值。例如：在食品检测中常用的模型分析法，需要以大量信息数据作为支持，数据处理能力则受到平台容量的影响，当百兆、千兆信息同时投入到平台中时，很高的处理效率才能满足高效分析的需求。这要求在进行智慧实验室建设时，应用现代化的软硬件设备，提升核心处理模块的吞吐量，虚拟内存至少应达到 16 GB 以上，运算空间则应在 200 ~ 500 GB，实现平台的高效运作，保证实验室性能。

（二）多样化分析

多样化分析是智慧实验室应用的特征之一，是指实验室可以进行模型匹配分析、约束性分析、开放性分析以及模拟分析、传统分析等多样检测。例如：检测对象为某水果的农药残留，模型匹配法以数据为基础，可以自动化进行。约束性分析是指建立固定化的框架，针对某一指标进行专项分析。例如：约束条件为残留农药的总量，可在此目标下不断增加实验用水果数目，当水果中农药残留满足约束条件后，即可了解水果中的平均残留农药量、结果与安全标准的差异等信息。模拟分析指建立模拟条件，在该环境下进行参数代入，了解水果残留农药的危害，例如：模拟人体健康环境，之后代入残留农药危害相关参数，分析过量农药对人体的破坏，以拟定水果农药残留的最低标准，指导后续工作。在"互联网+"时代，借助信息技术，上述工作可以较为有效地完成。

（三）智能化工作

智能化工作是智慧实验室的典型特点，可以体现在多个工作环节，例如：检测数据的持续积累。一般情况下，食品检测是"批次"进行的，需要 100 件对象中选取若干件作为分析目标，传统模式下，每件目标的检测结果需由人员记录，智慧实验室条件下，人员在计算机中输入默认指令，系统完成针对性检测后，可自行记录数据信息，并在完成全部检测后提供对象目标各项参数的平均数、最大值、最小值等核心数据，提升食品检测工作的效率。如果人员输入了"检测危险参数值"，实验室还可以在检测参数达到危险值时给予记录，进一步提升工作效率。

"互联网+"时代下的食品检测智慧实验室功能强大、优势突出，是现代技术发展的重要成果。食品检测智慧实验室依赖现代化技术和设备进行工作，两个突出优势是丰富的

资源和精准的检测。实验室具有大容量的平台，能够进行多样化分析、智能化工作，检测流程固定、参数精准，有利于高效完成对象目标的识别，可应用于后续工作中，提升食品检测的总体成效。

第五章 PCR食品检测技术研究

第一节 数字 PCR 在食品快速检测中的应用进展

食品安全日益成为一个重要的公共卫生问题，食源性疾病、转基因食品和食品原料造假在发达国家和发展中国家都呈现出普遍和日益增长的趋势。传统检测方法费时费力，难以满足对食品快速检测的需求，应用新型数字 PCR 技术针对食源性病原体、转基因食品和原料造假的方法，开发出可以满足当下食品快速和精确监测的需要，并控制和预防人类食源性感染的最有效方法之一。为此，综述了近年来数字 PCR 技术在食品快速检测中的应用。

聚合酶链式反应（Polymerase Chain Reaction，PCR）是分子生物学领域的一项关键技术，直接推动了生命科学领域的飞速发展。在 20 世纪 90 年代后期，美国 ABI 公司在第一代 PCR 的基础上推出了第二代 PCR 技术——实时荧光定量 PCR（Quantitative Real-time PCR，qPCR），使得高灵敏、高特异性和精确定量的体外定性/半定量基因分析技术成为现实，但是，由于 qPCR 扩增过程中不能保证在反应过程中扩增效率保持不变和实际样品与标准样品以及不同样品之间的扩增效率是相同的，由此导致其定量分析所依赖的基础——循环阈值（Ct）不是恒定不变的，结果只是相对定量，且依赖标准曲线。在 20 世纪末期，为了达到绝对定量的目的，美国科学家 Vogelstein 和 Kinzler 提出了第三代核酸检测定量分析技术——数字 PCR（digital PCR，dPCR），近年来数字 PCR 迅速发展起来并成为一种常用的核酸检测定量分析技术。

与传统 PCR 技术相比，数字 PCR 不依赖于扩增曲线的循环阈值（Ct）进行定量，不受扩增效率的影响，也不需要采用内参基因和标准曲线，准确度高、重现性好，可以实现绝对定量分析，具有高灵敏度、高精确度、高耐受性和绝对定量的优点，目前该方法在转基因定量分析、物种鉴定、医学诊断、致病微生物定性和定量分析等领域有较为宽阔的应用前景。

目前，各国对食品安全均高度重视，加大了对食品的生产、加工、流通和销售等各个环节管理和监控的力度。传统检测技术费时费力，因此亟须开发出快速、方便、准确、灵敏的食品检测技术。数字 PCR 可以在 2～3 h 对食品样品中核酸进行精确定量，在食源性病原体鉴定和预警、食品原材料掺假等现场中均能够快速出具检测报告，现已开始广泛被应用于食品快速检测中。本节就数字 PCR 技术在食品快速检测中的应用进行了回顾。

一、数字 PCR 的原理

数字 PCR 的技术原理可以用"分而治之"一句话简短概括，具体做法是先将核酸模板进行大量稀释，使其分配到大量的独立的反应单元中，每个反应单元对应不同数量的 DNA 模板分子。然后，对每个独立的反应单元进行 PCR 扩增反应，扩增结束后对每个反应室的荧光信号进行统计学分析。最终，根据泊松分布和荧光信号阳性的反应单元占总反应单元的比例来计算目的核酸序列拷贝数，因此数字 PCR 可以不需要根据标准样品和标准曲线就能实现核酸的绝对定量分析。

虽然数字 PCR 技术的原理并不复杂，早在 1992 年 Sykes 等就描述过其原理，然而在样品分配的环节上却一直难以突破，分配的数量和均匀性上都很难达到要求，Vogelstein 等在早期发明数字 PCR 时用市售的 384 孔板进行，需要进行大量分装和使用大量的试剂，人力成本和高昂的费用使得研究人员望而却步。直到近十几年来，油包水乳化微滴、集成微流体通路、纳米技术的快速发展，数字 PCR 技术终于突破了技术瓶颈，2006 年美国 Fluidigm 公司基于集成微流体通路的原理成功开发出第一台商业化的数字 PCR 系统，从此数字 PCR 走进了商业化应用阶段。

目前，商业化的数字 PCR 产品按照分配样品的方式可以分成两大类：微滴式数字 PCR（droplet dPCR，ddPCR）和芯片式数字 PCR（chip dPCR，cdPCR），微滴式数字 PCR 以 Bio-Rad 公司和 Raindance Technologies 公司系统为代表，其主要原理是把每个样本的反应液均匀分割成数万个乳液包裹的微液滴，在每个微滴内分别进行 PCR 扩增反应，最后通过类似于流式细胞技术的方法逐个对液滴的荧光信号进行检测，计算含目标荧光的液滴占所有液滴的比例来检测目的序列的含量。而芯片式数字 PCR 以 Fluidigm 和 Life Technology 公司系统为代表，在这一技术中，反应液通过微流控等技术被均匀导入芯片上的反应仓或通孔中进行 PCR 反应，然后通过类似于基因芯片的方法扫描每个反应仓或者通孔的荧光信号，进而计算目的序列的含量。目前这 2 种方法均能达到对单个样品分配成 2 万个以上独立的 PCR 反应，均能满足对样品的精确定量。

二、食源性病原体的快速检测

食源性疾病对人体健康易造成重大危机，而常规的微生物检测需要对待检样品进行增菌、分离、生物学鉴定等多个步骤，具有耗时长、实验操作繁复、特异性差和检出限高等问题，并且对一些无法培养的致病病原体，传统微生物检测方法往往无能为力；数字 PCR 技术具有快速、灵敏、准确等特点，弥补了常规检测方法的缺陷。在食品中毒突发事件中，快速检测并确定何种食源性病原体也是后续治疗的关键参考因素，数字 PCR 技术在对食源性病原体的鉴定中起到重要作用。

在全球食物中毒事件中，常见的食源性致病体主要分为细菌性肠道致病菌和食源性病毒。常见的细菌性肠道致病菌有致病性大肠杆菌、沙门氏菌、志贺氏菌、金黄色葡萄球菌、李斯特菌、肉毒梭状芽孢杆菌、布鲁氏菌、空肠弯曲菌、蜡样芽孢杆菌、霍乱弧菌等。通过食品传播的食源性病毒主要有诸如病毒、轮状病毒、甲肝病毒和戊肝病毒等，值得引起注意的是目前病毒性腹泻发病率呈明显上升趋势，仅次于细菌性腹泻，尤其是诺如病毒，经常造成群体病毒性胃肠炎公共事件。

目前，针对常见的食源性病原体，如沙门氏菌、埃希氏大肠杆菌O157：H7、单核细胞增生李斯特氏菌、阪崎肠杆菌、诺如病毒等均已开发数字PCR的方法，对荧光定量PCR和数字PCR方法进行对比，发现数字PCR具有更高的灵敏度和更少的预培养时间，对抑制剂的抗性强，结果快速、敏感、可靠，且能做到绝对定量。在多重致病菌检测中，利用数字PCR、实时荧光定量PCR和传统的平板培养法对水样中沙门氏菌、空肠弯曲杆菌和单核细胞增生李斯特氏菌进行了检测和比较，结果显示：平板培养法仅对沙门氏菌检出，实时荧光定量PCR也存在漏检的情况，数字PCR对3种细菌都能实现检出。数字PCR的抗抑制能力使其可能成为高通量筛选微生物以评估食品质量和安全性的有用策略，目前也已开发了同时检测乳制品中8种致病病原体的数字PCR方法。

三、转基因食品的快速检测

自从1996年转基因作物被批准商业应用以来，转基因作物的商品化种植得到迅速发展。目前随着全球转基因作物种植面积的不断扩大，转基因产品的种类与数量逐渐增加，为满足转基因作物及其加工食品的安全监管需求，亟须开发快速和准确的转基因检测技术。以往荧光定量PCR法在转基因检测中必须依据转基因标准物质的标准曲线对待检样品进行相对定量，无法对转基因成分进行绝对定量，还容易对低含量转基因成分出现漏检，此外易受样品中抑制剂的影响，造成检测结果不准确。而数字PCR技术对低丰度核酸样本检测重复性好，对抑制成分不敏感，该方法在高通量转基因成分检测中检测成本也相对更低，可作为转基因成分快速检测技术。

目前，数字PCR被大量应用在商业化最普遍的转基因大豆和玉米中。Köppel等对4个新的大豆性状位点转基因株系开发了多重检测数字PCR方法。Fu等针对9个大豆转基因位点开发了免预处理的数字PCR方法，检测限为0.1%，低于欧盟的标记阈值水平。Demeke等对2种转基因大豆加标样品进行数字PCR定量分析，数字PCR可以对0.001%加标DNA样品进行精确定量分析。Corbisier等用数字PCR和荧光定量PCR对2种转基因玉米的绝对拷贝数的比例进行了对比，发现数字PCR具有更高的精确度，可用于检测转基因玉米的DNA拷贝数比率。Morisset等利用数字PCR同时检测2种转基因玉米基因拷贝的绝对数量，双重数字PCR测定的灵敏度与单独数字PCR灵敏度相当。Dobnik等对所有12个欧盟授权的转基因玉米品系开发了2个独立的多重数字PCR方法，可以一次检测12个转基因玉米基因拷贝数。目前，开发多重数字PCR方法进行快速检测是转基因食品检测的热点问题。

四、食品源成分的快速检测

由于市场需求激增和原料价格的上涨，部分企业为了减少生产成本，在食品生产和销售过程中，掺入成本低廉的非产品标志的原料，以次充好、掺杂等问题日益突出，在食品安全监管过程中，需要开发快速、准确的食品质量安全监测方法。数字 PCR 由于不依赖于标准曲线和参照样本，可直接测得样品中目标基因的绝对拷贝数，目前该技术在食品安全检测领域中的应用潜力越来越受到关注。在动物源食品的掺假中，主要存在将廉价肉（如鸭肉）冒充或掺假高价肉的问题，目前对鸡肉、牛肉、猪肉、羊肉等动物源食品中掺假鸭肉均已开发出数字 PCR 方法。在植物源食品掺假中，目前数字 PCR 同样也能应用在高价植物源食品掺假低价原料的鉴定，如橄榄油纯度、香味水稻的检测。此外，数字 PCR 技术在植物源食品分析中还能对植物油通过检测动物源成分来鉴定地沟油。数字 PCR 可以灵敏地检测出食品源掺假种类，并可以根据原料重量、DNA 量和基因拷贝数的线性关系确定掺假比例，这是其他检测方法所不具备的优势。

五、结论与展望

数字 PCR 虽然是近 10 年刚发展起来的一种新技术，但其凭借较好的准确度、重现性、绝对定量等优势，已经在食品快速检测中得到广泛的应用。目前，数字 PCR 技术在食源性致病微生物、转基因成分和食物源性成分的快速定量检测中都得到了较广泛的应用，尤其因数字 PCR 抗抑制能力强，可以开发多重数字 PCR，通过一次检测在 2 ~ 3 h 可以对不同靶标基因进行高通量筛查。但目前数字 PCR 仪器较昂贵，多重数字 PCR 要求开发出配套试剂，试剂价格也较高昂，相信随着数字 PCR 技术和生命科学产业的不断发展，该技术将普遍应用于食品快速检测筛查中。相信在不久的未来，数字 PCR 技术将大大提高食品快速检测效率，并为食品安全的风险预警提供一种简易、快捷的检测手段，进而保障消费者的健康。

第二节　PCR 技术在食品药品检测中的应用

食品和药品的检验工作对提高食品药品安全性具有重要意义。聚合酶链式反应（PCR）技术因具有快捷、灵敏、操作简便等优势被广泛应用在食品和药品检测中。在归纳分析 PCR 技术在食品和药品检测中的具体运用案例的基础上，总结了 PCR 技术的应用前景和价值。

PCR 技术（即聚合酶链式反应技术）的原理是首先让双链 DNA 变性成单链，接着将其与特定引物结合，使单链 DNA 在聚合酶的促使下向 3′末端延伸合成，进而产生新的双链，新产生的双链将作为模板，循环重复以上反应，不断扩增出所需 DNA 双链，最终使目的片段实现指数倍的增加。由于PCR技术灵敏性高、特异性强，且操作简单，因此在应用范围上得到不断延伸。随着PCR技术的迅猛发展，近些年来，基于常规PCR技术不停地衍生发展出很多新的技术，如：多重PCR、实时荧光定量PCR、PCR Array技术等。本节就近些年来PCR检测技术在食品和药品检测领域中的应用进行综述，以期促进PCR技术的进一步普及推广，并为食品和药品的快速鉴定、检测提供参考。

一、PCR技术在食品检测中的应用

近些年来，国内的食品安全问题日益凸显，食物中毒事故时有发生，食品安全形势愈发严峻，给国人的身心健康与饮食安全带来严重威胁。除此之外，食品安全问题还影响和制约了食品工业的发展，因此食品质量的检测环节就显得尤为重要。由于PCR技术具有快捷、准确等优点，被广泛应用于食源性致病菌、非致病菌、食品成分等检测当中。

（一）PCR技术在食源性致病菌检测中的应用

食品中的致病菌是导致食物中毒的主要原因之一，人类的食物链中，最为主要的食源性致病菌有金黄色葡萄球菌、沙门氏菌、大肠杆菌等。传统的食源性致病菌的检测方法大多耗时长、步骤多，已无法满足当前食品安全领域对检测技术的要求。而使用PCR技术，能够大幅提高食源性致病菌检测的灵敏性与特异性，并具有成本低、速度快、准确度高等优点，因此PCR技术在食品检测领域有着广泛的应用前景。

1.PCR技术在大肠杆菌检测中的应用

大肠杆菌在人或动物的肠道内一般都有附着，故属于正常菌群，在衡量食品受粪源性污染与否时，大肠杆菌是目前国际上公认的卫生监测指示菌。为了保证食品的卫生性与食用的安全性，检测食品中的大肠杆菌是不可缺少的一个环节。但传统的大肠杆菌检测方法具有耗费时间较长、检测灵敏度较低等一系列问题，而PCR技术可以很好地解决这些问题。有研究人员采用常规PCR技术检测受到大肠杆菌污染的牛乳，在不增菌的情况下，全脂乳、脱脂乳的检出限均为104 CFU/mL，在增菌后检出限达到了1 CFU/mL，检出限较传统方法有了明显提高；另外，整套检测过程仅需12 h，而国标法却需要72 h，与国标法相比，该方法大大减少了检测所需时间。虽然大多数时候，大肠杆菌危害性不大，但有些亚型仍然会引发严重的疾病，如肠出血性大肠杆菌。不过，传统的单一常规PCR方法也很难准确检查出肠出血性大肠杆菌，主要原因是大肠杆菌菌株产生的毒素具有一致性，这就需要用到一些新的方法。Cho等选取了调控编码蛋白的DNA序列作为靶序列，建立了一种能根据特异性鉴定大肠杆菌O157血清型的新方法，相对于以往选取传统目的基因当作模板的方法，该方法具有更好的特异性与灵敏度。

2.PCR技术在沙门氏菌检测中的应用

沙门氏菌是肠杆菌科中导致人畜共患病的一种十分多见的致病菌，目前食物受到沙门氏菌污染的状况，在肉类和蛋奶类食物中较为常见。在国外的食物中毒案例中，由沙门氏菌所导致的食物中毒往往占据了较大的比例。当然在我国也不例外，致病菌引起的食物中毒案例中有 70% ~ 80% 和沙门氏菌有关。但沙门氏菌在食品中的含量往往比较低，因为在加工制造食品等过程中会对沙门氏菌造成损伤，所以其含量会大大降低，而这会影响沙门氏菌检测的精准性。为了更好地防止食源性疾病的发生，保障食品安全，建立一套快速、敏感且特异性强的沙门氏菌检测方法是很有必要的。有研究人员以 inv A 基因作为靶序列，并设计了一对引物，能在沙门氏菌中扩增出 198 bp 的片段，但是在大肠杆菌、单增李斯特氏菌等菌中均不扩增，表现出极好的特异性；另外对标准沙门氏菌菌种纯培养液 PCR 方法的灵敏性进行检测，发现其检测的极限为 72 个菌；最后研究人员用该方法对样品进行检测，检测得到的结果与传统鉴定方法的结果完全相符，因此可以将 PCR 作为沙门氏菌快速检测方法。当然，PCR 技术除了可以用于快速检测沙门氏菌是否存在外，还可以用于沙门氏菌血清型的鉴定。方婷子等分别基于 O 抗原、H1 以及 H2 抗原中选取的基因，设计得到引物进行 PCR 扩增，且与测序相结合，然后测定实验选取的沙门氏菌株的血清型，最终显示假阳性结果的只有一株伤寒沙门氏菌的 H2 抗原，准确率高达 98.7%，表明该方法能够精确、迅速鉴定沙门氏菌株的血清型，因此 PCR 技术可以作为沙门氏菌血清型鉴定的一种新方法。

3. PCR 技术在金黄色葡萄球菌检测中的应用

金黄色葡萄球菌系微球菌科，属兼性厌氧菌，在水、大气、尘埃、人畜排泄物等中广泛存在。蔬菜、肉类等食品中金黄色葡萄球菌极为常见，是引起食物中毒的常见致病菌之一。冯可等建立了一种 PCR 方法，可应用于鲜切果蔬中金黄色葡萄球菌的检测，该方法基于金黄色葡萄球菌的 nuc 基因，根据此基因设计筛选出引物，优化多重 PCR 的反应体系以及反应条件，使用优化过后的多重 PCR 方法对不同接种量进行富集，然后进行验证，最后结果表明经过 9 h 的富集，该方法的检出限可以达到 1 CFU/g；相对于传统的培养检测方法，使用 PCR 技术可以节省劳动力、试剂和时间等，对于大批量样品的微生物检测来说，更是具有重要的指导意义。

在很多时候，金黄色葡萄球菌不仅仅会在食物中大量繁殖，而且会产生肠毒素 SE，而肠毒素 SE 是造成食物中毒的重要因素之一。目前已发现的肠毒素有 20 多种血清型，常见的 SE 有 11 种，分别为 SEA、SEB、SEC、SED、SEE、SEG、SEH、SEI、SER、SES 和 SET，其中以 SEA 最为常见（约占 78%），然后是 SED。一般认为，SEA 的毒性最强，由它引起的食物中毒的报道也最多。目前，检测肠毒素 SE 的常用基因型有 SEA、SEB、SED、SEH 和 SEI 等，随着 PCR 技术的成熟，研究人员已能对金黄色葡萄球菌所产肠毒素进行有效鉴定与分型，叶素贞等采集 8 类食物共 454 份样品，按照国家标准上的方法对样品中的金黄色葡萄球菌进行培养、分离和鉴定，用 Real-time PCR 法对菌株中携带肠毒素 SEA—SEE 的情况进行检测，结果检出产生肠毒素阳性的有 8 株，携带的主要是 SEA、SEB 和 SED。

4. PCR 技术在其他病原微生物检测中的应用

除以上 3 种主要食源性致病菌外，单增李斯特菌、志贺菌、副溶血性弧菌、耐药球菌、弯曲菌等也是食品微生物检测中不可忽视的病菌。近年来，采用多重 PCR 技术检测食品中这些重要致病菌的案例，在国内外都有很多报道。多重 PCR 技术相对于常规 PCR 技术而言，具有更简便、更高效、费用相对较低等优点，能够同步进行多种病原微生物的检测。随着对食品检测快速性要求的提高，采用多重 PCR 技术同时检测多种病原微生物必将成为一种趋势。林碧莲等通过先筛选设计出目标菌株的探针和引物，然后对反应体系进行优化，建立了多重 qPCR 的稳定反应体系，再通过加标阳性菌株的方式检验体系的特异性，确定出检出限，最终结果显示，此方法可高效率地检测出婴幼儿奶粉样品中的 3 种致病菌。而李庆超则从查到的 7 种病原菌（包括乙型副伤寒沙门氏菌、短小芽孢杆菌、铜绿假单胞菌等）的共 18 个基因中，验证筛选出目标菌的特异性基因，并将其作为目的基因设计出特异性较好的引物，然后优化其反应条件，最终得到的反应体系具有较高稳定性，其检出限更是达到了 1.2 CFU/mL，此方法的检出限较已有方法有了大幅度的提高。

（二）PCR 技术在食源性非致病菌检测中的应用

PCR 技术除在食源性致病菌的检测中广泛应用外，亦经常应用于食源性非致病菌的检测。食品中非致病菌虽然对人体危害不大，但通过检测非致病菌在食品中的含量可以判断食品是否变质、食品营养价值如何以及发酵程度等等。比如泡菜中大多具有乳酸菌，这是一种非致病菌，可生长在缺氧的环境中，通过检测乳酸菌可以辅助判断泡菜当前的发酵情况等。石慧等建立了一种 EMA-qPCR 方法，用来检验泡菜中乳酸菌活菌的数量，该方法中 EMA 能够抑制乳酸菌死细胞的 PCR 扩增，但不影响乳酸菌活菌的 PCR 扩增，实验最终成功检测并比较出发酵时间不同的泡菜乳酸菌活菌数量的差异。而盛雅萍则采用 PCR 扩增法及 HPLC 法，从 38 株乳酸菌中筛选出不产生生物胺的乳酸菌，将筛选得到的不产生生物胺的乳酸菌菌株加入到正在发酵的羊肉腊肠中，经过实验发现，加入该菌株的发酵羊肉腊肠的组胺及酪胺含量均有明显的下降，此方法可为开发优良肉制品发酵剂提供重要参考依据。由于食品检测的复杂性，采用一种检测方法往往具有一定的局限性，研究人员将 EMA 和 HPLC 与 PCR 技术配合使用，大大提高了实验结果的准确性。

（三）PCR 技术在食品检测中其他方面的应用

近年来，随着 PCR 技术的快速普及与发展，一些新型的 PCR 理论与技术层出不穷，PCR 技术不再仅仅应用于食品中微生物的检测，在食品检测的其他方面也有了具体的应用，如：食品的成分检测、转基因食品的检测、食品掺假检测等。在转基因食品检测中，PCR 技术的应用近几年尤为热门，由于转基因食品往往含有新的蛋白质及 DNA，转基因食品是否安全目前争议较大，所以转基因食品需要经过严格检验之后才能让人们放心大胆地食用。目前，使用比较多的转基因食品检测方法主要有蛋白质或蛋白酶活性检测法以及 PCR 法等，在这些方法中，使用 PCR 技术进行检测是最为准确高效的。当前较为热门的 qPCR

技术灵敏程度较高、特异性较强，因此含量极低的转基因成分也能被检测出来。荧光定量 PCR 是另一种新型 PCR 技术，该技术其实是加入了一种荧光基因，这种荧光信号会被应用于整个 PCR 检测过程，成功解决了以往 PCR 检测方法中存在的准确度低和假阳性问题，但是此方法也存在一定的不足，比如：仪器昂贵、使用成本高、检测目标单一等，这些不足增加了该技术普及推广的难度。张海波等则使用了 Taqman 探针实时荧光 PCR 方法检测转基因玉米，该方法通过检测玉米样品中的 CaMV35S 启动子与 NOS 终止子，实现对现有玉米转化体的快速筛查，灵敏度可以达到 0.1%，检测时间较传统 PCR 方法也有显著的缩短，实验结果表明该方法可作为玉米中转基因成分的快速筛查新方法。

二、PCR 技术在药品检测中的应用

当前，PCR 技术应用于药品的检测尚不多见，已有的文献报道中，PCR 技术多见于中药鉴定与药品微生物检测。由于 PCR 技术本身具有先进性、实用性等特点，相信在不久的将来，PCR 技术必将更大范围应用于药品的检测。

（一）PCR 技术在药品微生物检测中的应用

目前，实时荧光 PCR 技术在药品的微生物检测中应用比较多，该技术比传统 PCR 技术更迅速、更准确地检测出药品中的有害微生物。刘婷婷等选取了 8 个品种的药品接种了金黄色葡萄球菌，然后进行增菌，同时用平板分离法与实时荧光 PCR 法进行检查，通过比较两种方法得到的结果，发现两种方法的阳性样本检出率均达到了 100%。此外，实验结果还表明实时荧光 PCR 法具有快速、准确的特性。王晓冲等利用裂解试剂盒提取大肠杆菌与金黄色葡萄球菌的基因组 DNA，然后用实时荧光定量 PCR 进行检测，样品中死细菌的基因组 DNA 使用 PMA 抑制其扩增，最终实验所测结果与药典方法所测结果一致，并且使用该方法分析药品中的细菌污染情况，检测时间可以大幅减少至 4 h 左右，同时还具有操作简便、检测灵敏度高等优点，说明 PCR 技术可以作为药品无菌检查的快速筛查方法。

（二）PCR 技术在中药鉴定中的应用

近些年来，中药材价格不断上涨，中药材尤其是名贵中药材制假掺假现象频频发生，严重威胁到人们的用药安全。由于中药材成分的复杂性，难以单纯用化学成分来辨别中药材的伪劣，这就需要引入新技术、新方法。PCR 技术的迅速发展，给中药的鉴定与检测提供了一个新思路。蒋超等依据金银花 trnL-trnF 序列上的特异性位点来设计特异性 PCR 引物，优化 PCR 的条件后，使用该方法对金银花与混淆品进行 PCR 扩增及检测，其中金银花样品加入 SYBR Green I 染色后，产生绿色荧光，而混淆品不产生荧光，整个检测过程仅仅在 30 min 内便可以完成，实验结果表明该方法能够准确快速地鉴别出金银花和混淆品。市场上蛇类中药材大多比较名贵，如乌梢蛇、蕲蛇等，因此常常会出现一些伪品。陈康等采用碱裂解法提取蛇类药材样品中的基因组总 DNA，然后添加特异性的 PCR 引物进

行PCR扩增，加入染料 SYBR Green I后，正品有绿色明亮的荧光出现，混淆品则没有荧光。这种利用PCR技术快速鉴定蛇类药材真伪的检测方法，完成真伪鉴定仅需 30 ~ 45 min，为蛇类药材快速鉴定提供了技术参考。当然，PCR技术不仅仅应用于中药饮片的鉴定，中成药的检测与鉴定中也能看到它的身影，蒋超等根据上文所述的金银花 trnL-trnF 序列上的一个位点，设计出可供鉴别的特异性引物，然后对金银花的原植物及其配方颗粒进行鉴定，最终的实验结果表明该方法不仅可以对中药配方颗粒进行优劣真伪的快速鉴定，还可以弥补中药显微鉴别与性状鉴别的局限性，为中药配方颗粒的生产、流通、安全用药等环节提供了技术支撑。

（三）PCR技术在药品检测中其他方面的应用

近些年来，由于药学研究的盛行，加上PCR新技术的快速发展，PCR技术在药学研究的很多领域得到了应用，如在目前快速发展的药理学研究中，PCR技术常常被用来检测药效成分以及机体目标成分。如PCR Array技术，这项技术也被称作PCR阵列或者基因功能分类芯片，它结合了 Real Time PCR 技术的高特异性和高灵敏度以及微阵列技术，具有能够同时检测多个基因等优点，是分析信号通路或者某生物学功能相关基因表达状态的重要工具。张妮等就采用了PCR Array技术作为辅助技术对大鼠进行了研究，将大鼠随机分为3组（即空白对照组、高脂血症组、丹参酮组）开展实验，结果发现丹参酮组的大鼠肝脏脂滴减少，PCR Array 则显示出丹参酮组的 Abca1、Lep、Pcsk9 等 mRNA 发生差异性变化，表明丹参酮 II a 可以影响高脂血症大鼠肝脏脂蛋白和胆固醇信号通路的相关基因 mRNA 的表达。除此之外，PCR技术还在中药原植物的基因表达分析研究中大放异彩，PCR技术对研究中药中有效物质含量的动态变化有着重要的意义。如 Kim 等以荧光定量 PCR 技术作为辅助研究手段，在人参叶片的不同开放期，检测其体内的人参皂苷含量与生物合成途径上的关键酶基因，结果发现在人参叶片开放期的中间阶段及全开放阶段，人参皂苷合成途径上的关键酶基因 PgSS 和 PgSE 的表达量比闭合阶段增加约 1.5 倍，而关键酶基因 PgDDS 的表达量更是达到 4 倍以上的水平；在人参的主根和侧根中，人参皂苷含量在叶片开放期的中间阶段达到最大值，在叶片中，人参皂苷的含量是在全开放阶段才达到最高水平。

食品药品安全是当今社会人们最为关注的一个问题，这就对食品与药品的安全检测提出了很高的要求。因此需要研究人员去寻求迅速、准确、灵敏的检测新技术，这样才能更好地保障食品药品的质量安全。当前PCR技术的普及和发展，为食品药品的检测工作指明了新的发展方向，运用PCR技术除了可以明显提高食品药品的微生物鉴定分型的准确性和效率，还可以对微生物进行定性和定量检测，PCR技术将会在中药检测与鉴定领域中具有越来越高的地位。当然，PCR技术虽说已是一种比较成熟完备的技术，但并非十全十美，也有一定的局限，如仅单一采用PCR技术容易出现假阳性的情况、仪器与试剂的成本较高、预处理时间较长等。因此，当前PCR技术还有很大的完善空间，未来还可继续研究如何减少 PCR 前处理的时间或是其他步骤的时间，以达到缩短检测全过程时间的目的。此外，可开发 PCR 联用技术，使用 PCR 联合多种检测手段进行检测，以便更好地提高检测结果的准确性，如上文所述的 PCR 与 PMA、EMA 等联用，可较好地避免死菌对实验结果造成的影响等。相信经过不断地研究、改进和完善，假以时日，PCR 技术必将成为食品药品检测工作中不可或缺的重要技术手段。

第三节　应用于转基因食品检测的 PCR 技术及其进展研究

近几年，我国转基因食品在随着社会发展的过程中也在不断地发展，其中食品检测的 PCR 技术也在快速的发展当中。转基因食品检测是通过蛋白质和外源 DNA 两种有效的生物大分子进行着手，通过 PCR（聚合酶链式反应）和 ELISA（酶联免疫吸附测定）以及生物芯片技术。对目前常用的 PCR 技术进行分析和探究能够发现其中的优缺点。在现阶段的转基因食品检测环节合理的适用检测技术能够对最终的检测效果精准性有很大的现实意义。

PCR 检测技术又称为"聚合酶链式反应技术"。该技术能够完成在体外实现指定基因和 DNA 序列进行迅速的扩增，此技术最早应用在基因克隆和检测转基因环节中，以其精准和微量的特性，一直被研究学领域广泛应用。现阶段，随着社会的不断发展以及科技的不断进步，人们对食物微生物遗传性质也在不断深入和了解，认识和掌握了大部分的致病菌其遗传的基本条件，PCR 技术逐渐被人们所关注并且给予了高度的重视，将其应用在转基因食品检测过程中。现阶段，转基因食品检测的 PCR 技术主要是用于检测食品当中的成分类别、有益成分、致病菌以及我们的转基因食品，例如大豆、玉米、番茄等。然而传统时期的 PCR 技术随着社会的发展会在使用的过程中出现一定的缺点或者是短板，例如当食品中有细菌体存在的时候，该技术会因为假阳性现或者是致毒微生物所产生的病毒并不会被完全的检测发现等。

实时定量 PCR 技术实时定量 PCR 技术实质上是指将荧光基团加入到 PCR 整体反应系统中，利用对荧光信号的积累，实现整个 PCR 过程中的实时检测，最终通过非常标准的曲线进行未知模板的定量。该技术是通过封闭的环境下实施检测工作的，通过该技术能够使荧光激光的光源处平稳同时不会产生太多的干扰，通过 PCR 技术能够不需要再度进行处理，能够最大化的降低交叉感染的概率；该技术在未来的食品检测过程中能够缩短整体检测周期的同时能够降低操作难度，能够实现检测结果的准确性以及特异性。该技术的不断发展和进步能够对转基因食品加工时检测外源 DNA 受到污染的及时定量，同时能够检测病原微生物、检测出食品中掺假量和转基因食品检测等多方面都起到良好的促进性作用。

一、多重 PCR 技术

多重 PCR 技术又称之为"复合 PCR"，是通过单一形式的 PCR 技术作为基础进行改善得到的一种延展性技术，通过将多条引物和多条模板进行混合再加入到一个综合性的反应系统内，将传统单一的 DNA 模板加入到同一个反应系统内，实现对相同的模板进行不同片段的扩增性处理，用该技术实现超长片段的扩增。现阶段，食品中转基因成分检测最困难的挑战便是对于转基因生物数量进行的激增过程。目前唯有美国实现了大量转基因作物品种的生产。若想从根本解决这一问题，就要在一定的条件下应用多重 PCR 技术，其基本原理看似简单，但能够找到合适的扩增条件却是在多重 PCR 技术中最为关键且存在一定困难性的。将多重 PCR 技术和传统的 PCR 技术进行比较可以看出，多重 PCR 技术更加系统化并且较传统 PCR 技术简单便捷。

二、PCR-DGGE 技术

PCR-DGGE 技术是实现将变性梯度凝胶电泳技术和传统的 PCR 技术相结合的一种新型技术。PCR-DGGE 技术能够将两个或者多个相同长度不同碱基的 DNA 片段进行混合物的分离。通过变性条件允许的情况下，将二者关联在一起，PCR-DGGE 技术就能够对另一种碱基进行辨别，该技术的特异性和敏感性超强。通过成像体系对凝胶染色后进行进一步的分析。能够在一定的程度和基础上显示出整体样品的复杂烦琐性。同时，实现整体样品中存在的不同生物组通过不同的条带数量准确的反映出来，条带的亮度便是微生物的数量。PCR-DGGE 技术所含有的自身优点和特异性能够为未来转基因食品检测带来非常重大的改变及影响。

三、转基因食品的多重 PCR 检测

多重 PCR 检测，又被称为复合 PCR 检测。多重 PCR 检测是在同一 PCR 反应体系里加上二对以上引物，同时扩增出多个把序列的 PCR 反应。在对其反应原理进行分析时，可以对一般 PCR 进行查看，将一般 PCR 作为参考依据。在对转基因食品进行检测时，面临的最大挑战就是转基因生物数量不断增多。FDA 公布了一个资料，美国经过批准投入生产的转基因作物品种已经超过了五十个，这五十多个转基因作物品种被投入到商业化生产之中。当前国内外的很多实验室都在研发转基因产品的检测技术，在寻找同时检测多个转基因产品的有效路径。MPCR 检测技术的应用比较普遍，但是其使用难度比较大，需要寻找合适的扩增条件。就目前来看，MPCR 技术被广泛应用在多种转基因作物的检测之中，定量检测和定性检测效果都比较好。近年来超分支滚环扩增技术也被应用在转基因产品的检测之中，同样收获了事半功倍的检测效果。与 MPCR 技术相比，超分支滚环扩增技术具有一定的优势：一方面，超分支滚环扩增技术只需要一对引物就可以完成对多个转基因产品的检测；另一方面，超分支滚环扩增技术可以避免引物之间的干扰问题，提高转基因产品的检测效率。因此在对转基因食品进行检测时，应该综合分析现实情况，采用适宜的

检测技术。

近年来，随着我国经济的不断发展和变化，国家对食品安全问题越来越重视。PCR 技术在我国转基因食品的检测中体现了极高的优势，随着市场中出现大量的转基因食品，对转基因食品检测的精准性和实效性的基础上又提出了新的要求和标准。为了顺应市场发展合理的对转基因食品进行监控，寻求新型便捷、灵敏、精准、高通量的食品检测技术将成为新的发展趋势和方向。

第六章 食品免疫学检测技术研究

第一节 免疫分析法在食品检测中的应用

一、食品安全面问题及检测

随着人们物质生活水平的提高，我国的食品安全问题越来越突出，从食品原料的生产到食品加工过程均有食品安全的事件发生。现代养殖业日益趋向于规模化、集约化，使用抗生素、维生素、激素及金属微量元素等，已成为保障畜牧业发展必不可少的一环。总体来说，引发食品安全问题的因素有三个，其一为自然因素，主要是畜牧养殖中动物在正常自然饲养中感染的一些对人类也有健康危害的疾病。目前在较短的时间周期常有局部禽流感爆发，由于病疫的可传染性，对人们身体、心理均可造成伤害。其二为环境因素，污染物主要由大气、水质、土壤中带来，目前城市河道普遍存在着多达几十种的抗生素残留和其他药物，这些残留的药物也会随着生活用水进入人们的身体，虽然含量仅为 ppt 级别，但长期被人体摄入，其隐患也不少。随着工业的发展，一些有毒有害的化学成分，还或多或少地分散于大气、土壤中，通过动植物的富集而被人体摄入。其三为人为因素，主要是在食品原料、加工过程中，食品企业为了追求更高的经济效益，非法使用或不合理使用一些农兽药、饲料添加剂等其他有毒有害物质。

为防病从口入，食品安全的检测就非常重要。由于对食品中有毒有害物质的检测浓度要求极低，样本待检物的浓度达到 ng 甚至 pg 级，所以除了常用的化学比色法以外，还需要一些非常精密的检测仪器，如 HPLC、GC-MS 等。免疫学分析法具有特异性好、灵敏度高、检测简便快速的特点，而在快速筛选的检测方法上，免疫学分析法是食品安全检测中一个重要的工具。

二、免疫学分析法在食品检测中应用

（一）免疫学分析法在动物疫病检测中的应用

动物疫病诊断主要的方法有临床诊断、病毒培养、免疫检测和分子检测技术。其中以PCR 为基础的分子检测技术的发展最为迅速，其检测呈现出自动化、高通量的发展趋势，其检测的种类也日益增多，市场也有专门商品化试剂盒。

免疫检测也被普遍应用于动物疫病检测，目前检测猪细小病毒、猪瘟病毒、牛/羊口蹄疫病毒、牛分枝杆菌等酶免试剂盒或胶体金层析试剂均有产品应用。在检测过程中，通过抗原抗体的特异性反应，检测样本中的病毒抗原或动物血液中的病毒抗体。

（二）免疫学分析法在农药残留检测中的应用

农药残留的检测方法主要有酶比色法和仪器法，一些有机磷、有机氯农药对乙酰胆碱酶的催化活性具有很强的抑制作用，通过检测样本提取物对胆碱酶的催化显色，来判断样本中是否有农药残留。而仪器法多用液相或气相色谱检测仪。

免疫学分析法在农药残留检测中的应用方面也有很多研究，早有学者通过对农药分子的改造合成抗原并制备出特异性抗体，如甲基对硫磷、甲胺磷等农药。其建立侧 ELISA 检测方法灵敏度可达 ng/mL 级别。但由于农药在食品中的残留限量一般为 ug/mL 级，常用的酶比色法检出限可满足要求，而且检测也比较简便，所以在农药残留的减速检测中，一般采用酶比色法，免疫学方法则不常用。

（三）免疫学分析法在兽药残留检测中的应用

兽药残留主要是抗生素、抗菌药在动物饲养中的不合理使用造成的，兽药残留主要来源于家禽家畜、水产品，包括动物产生的副产品如牛奶、蛋、蜂蜜等。类激素和其他饲料添加剂均适用于动物养殖而带来有毒有害物质的残留。兽药残留的抗生素、抗菌药多为一些小分子物质，可以通过液相气相色谱检测仪准确检出。

兽药残留的快速检测法多用免疫学分析法，对猪尿液中瘦肉精类（克伦特罗、莱克多巴胺、沙丁胺醇）的检测，ELISA 试剂盒灵敏度为 0.05 ng/mL，胶体金灵敏度为 1 ng/mL。对水产品中的孔雀石绿、硝基呋喃类的检出限均达 0.05 ng/mL 甚至更低。在抗菌药的检出中，由于检测项目太多，以研制出几种多残留检测 ELISA 试剂盒，如磺胺总量、喹诺酮总量 ELISA 试剂盒，可同时检测磺胺类、喹诺酮类所属的十几种药物。

受体、补体作为体内另一种免疫物质，在兽药检测中也起到抗体的特异性作用。在很多细菌中，存在着可与内酰胺、头孢类药物特意结合的受体，如青霉素结合蛋白（penicillin-binding protein，PBP），PBP 也可以通过分子手段大量表达制备出来，将酶或胶体金标记于 PBP 分子上，即可建立一种梅酶联或胶体金层析检测法。通过此法，可检测出青霉素、氨苄青霉素、头孢拉丁等 20 余种药物，胶体金层析法检出限可达 5ppb。

三、免疫学检测方法的存在问题及发展趋势

目前，免疫学检测方法最常用的是 ELISA 法和胶体金免疫层析法。通过市场化的商品试剂盒与进口试剂比较，用户反馈国产试剂盒存在质量不稳定、检测不准确等缺陷。这些问题主要是由于其行业不规范、质量把控不严，更重要的是缺乏专业的技术。很多产品抗原不稳定，如孔雀石绿抗原，在产品保存期就失去了抗原的作用。另外，由于对食品样本的检测，大多需要对待测物进行提取分离，很多项目的样本处理也需要优化使其更简单

迅速。硝基呋喃类的检测，还需要进行对样本进行过夜衍生，使检测费时更长。如果国内厂家照搬国外方法，不做技术创新，国产试剂盒质量也无法提升。

免疫学检测技术是一种很实用的热门技术，从现在的研究成果来来，有以下几个发展趋势：一是设计制备出更好的抗原抗体，抗原抗体是免疫学分析方法的核心原材料，如磺胺总量抗原抗体同时可检测十几种磺胺类药物；二是使用灵敏度更高的检测信号标志物，如彩色胶乳、荧光纳米微球、量子点等；三是结合新方法、新仪器建立免疫检测技术，如微流控技术、生物芯片、荧光免疫层析法等。

第二节　免疫学技术在食品过敏原检测中的应用

食品过敏原可引起机体产生过敏反应，严重危害人类健康及生命安全。目前食品包装上过敏原信息标注规范尚不完善，因此食品过敏原检测技术对于预防含有过敏原食品进入流通领域，减少过敏事件发生至关重要。本节综述了免疫学检测技术在食品过敏原检测中应用，并展望了其未来的发展趋势。

"民以食为天，食以安为先"。食品安全与人民的身心健康和生命安危密切相关。随着食品生产的集中化和机械化，以及新技术的广泛使用，食品安全问题在过去的十几年间不断涌现，世界各地均有严重的食品安全事件爆发。食品安全已成为世界性的话题，同时各国政府和消费者对食品安全问题也给予了空前的关注。食品安全问题种类众多，除了近几年关注较多的违禁添加、农药残留、兽药残留、重金属残留、霉菌毒素污染及致病性病原微生物污染等问题之外，食品自身所含的一些致敏性物质引起的食物过敏也是一种较为严重的食品安全问题，严重危害着过敏人群的身体健康。目前食物过敏的流行已经成为食品行业的巨大挑战。世界卫生组织将过敏症定为全球排名第四的慢性疾病，食物过敏作为过敏症中重要的一种，已成为一个世界性的健康问题，并且逐渐成为大家关注的焦点。为了防止食品过敏原对过敏人群产生的健康危害，避免消费者出现食物过敏反应，对食品中所含的过敏原进行定性定量检测至关重要。在过敏原的检测和分析过程中免疫学技术扮演着十分重要的角色，本节对免疫学技术在食品过敏原检测中的应用进行了介绍，并对以后的发展方向进行了探讨。

一、食物过敏概述

食物过敏是机体对于食物或食物成分的免疫异常反应，免疫系统的参与使其区别于其他类型的食物敏感。引起机体发生食物过敏的成分称为食品过敏原。根据 Gell 等的分类，大多数食物过敏属于由 IgE 介导的速发型超敏反应（Ⅰ型超敏反应），其免疫机制包括致敏和发敏两个阶段，易感个体对于一定量的过敏原诱导可产生大量的 IgE 抗体，IgE 抗体进入血液循环，并迅速与肥大细胞、嗜碱性粒细胞膜表面的 Fc 受体结合，成为这些细胞表面的过敏原特异性受体，从而使机体处于致敏状态。当机体再次接触含相同或相似过敏原成分的食品时，过敏原特异性识别致敏细胞膜表面的 IgE，诱导细胞脱颗粒释放血管活性胺（如组胺）和其他炎症介质而触发食物过敏反应。

食物过敏反应会对人体造成不同程度的危害。研究表明，对于高度敏感的人群，摄入微量的过敏原就可以引发机体的消化系统病症（如呕吐、腹泻等）、呼吸病症（如鼻炎、哮喘等）、循环系统病症（如水肿、低血压等）和皮肤病症（如荨麻疹、过敏性皮炎、湿疹等）等局部反应；对某些个体，特定的食品过敏原甚至可以引起致命的全身反应（如过敏性休克）。目前已有 160 多种食物可以引起过敏反应，其中，牛奶、鸡蛋、花生、小麦、大豆、坚果、鱼类和贝类 8 种食物所引起的过敏反应占到了所有食物过敏的 90% 以上。据统计，这 8 种食物导致美国儿童发生过敏反应的概率分别约为 2.5%、1.3%、0.8%、0.4%、0.4%、0.1%、0.2% 和 0.1%。近些年，因食物过敏出现危及生命的反应呈增加趋势，食物过敏在世界范围内已成为一个重要的健康问题。在西方国家，约有 8% 的儿童和 2% 的成人会发生食物过敏；在我国，杭州市区 0 ~ 3 岁儿童食物过敏率为 4.85%，攀枝花市 0 ~ 3 岁儿童食物过敏率为 7.58%，中国医科大学统计 15 ~ 24 岁年龄段健康人群中约有 6% 的人存在食物过敏。

食品安全性是食品质量最重要的组成部分，而食物过敏严重危害食品安全性，已引起了各国食品安全监督管理部门的重视。目前，严格对食品过敏原进行标注已成为一种重要的发展趋势，一些发达国家为保护食物过敏人群，专门立法规定食品包装上要标注食物过敏原，我国在 2012 年实施的食品安全国家标准 GB 7718—2011《预包装食品标签通则》中也推荐食品包装上标注致敏物质。但随着食品加工业的飞速发展，食品多样化凸显，深加工和精加工食物过敏成分的标注措施仍不完善，使食物过敏患者难以选择。因此，针对食品过敏原的检测技术对预防食品过敏意义重大，而快速、简便的免疫学检测技术对预防食品过敏尤为重要。

二、食品过敏原的免疫学检测技术

食品过敏原多为蛋白质，具有紧凑的三维结构、配位键、二硫键以及糖基化，这些结构特点都使其在酸、碱、加工等处理时保持结构的稳定性。而且，食品原料成分较多，其中存在的食品过敏原含量相对于其他原料往往很低，这些因素增加了快速、准确、定量检测过敏原的难度。

免疫学检测技术是基于抗原抗体特异性反应建立的检测技术。该技术具有灵敏性高、特异性强的特点，能够快速、准确对抗原物质进行定性定量检测，并且不需要复杂的程序和价格高昂的仪器，因此，在食品安全检测领域得以广泛应用，并衍生出多种检测方法。

（一）免疫印迹

免疫印迹在过敏原的检测中应用较早，并且广泛应用于发现和鉴定新的过敏原。该法又称为蛋白质印迹（western blotting），是将十二烷基硫酸钠 - 聚丙烯酰胺凝胶电泳（sodium dodecyl sulfate-polyacrylamide gelelectrophoresis，SDS-PAGE）和固相免疫测定技术相结合。其原理是首先将样品在进行单向或双向凝胶电泳，抗原蛋白根据其分子质量大小分离，然后将分离的蛋白在电场力的作用下转移到固定化基质膜上，最后利用放射物质或者酶标记的抗体对膜进行检测和分析。Gagnon 等将免疫印迹和质谱技术相结合，用大豆过敏患者的血清检测出了 19 种大豆过敏原，包括 5 种新过敏原。Satoh 等将转基因大米和非转基因大米中提取的蛋白进行了单向和双向电泳，并进行免疫印迹分析，结果表明转基因并没有改变大米中原有的过敏原，也没有产生新的过敏原。虽然免疫印迹具有 SDS-PAGE 的高分辨力和固相免疫测定的特异性和敏感性，但目前该方法仅可用于过敏原的定性或半定量检测。

（二）火箭免疫电泳

RIE 的特点是使用含有抗体的凝胶进行过敏原的检测，被检测的过敏原根据自身的电泳迁移率移动直到形成抗原抗体复合物在凝胶中沉淀，电泳图片中显示的火箭形状的高度与被检测的过敏原的量成正比。Yman 等在分析食品中的蛋白质时利用了该方法，验证是否含有过敏原或过敏原标示错误。Holzhauser 等利用花生蛋白的抗血清进行 RIE，在两种没有标明花生成分的食品中检测出了花生蛋白。但该方法在过敏原的检测中并没有得到广泛应用，主要由于含抗体凝胶的制备比较烦琐，而且染色过程较为复杂。

（三）斑点免疫印迹

斑点免疫印迹的原理是首先将提取的蛋白样品点在硝酸纤维素或者聚偏二氟乙烯膜上，然后用酶标抗体孵育，最后加入底物反应显色后形成有色的可视斑点，斑点的强度与过敏原的含量成正比。其中酶标抗体也可以用放射性物质标记抗体代替，最后用射线照相进行分析。Blais 等将涤纶布作为样品膜，用该方法检测了多种食品中的花生蛋白，部分阳性样品中花生蛋白的含量小于 1mg/L。虽然该方法是一种操作简单而且廉价的检测方法，但仍只适用于食品中过敏原的半定量检测。

（四）放射／酶联过敏原吸附抑制实验

RAST 和 EAST 通常用于食物过敏的临床诊断，而 RAST/EAST 抑制实验已被应用于过敏原的定性检测以及食物中潜在过敏原的评估。该方法的原理是首先将能与人体特异的 IgE 抗体结合的过敏原固定在固相载体上，然后加入被测样品，样品溶液中的过敏原会抑制固相载体上的过敏原与 IgE 结合，最后加入用放射性物质或酶标记的抗 IgE 抗体，再加入发光或显色的底物，用射线计数器或分光光度计来检测结合的 IgE，从而间接地检测样品中的过敏原。Herian 等利用 RAST 抑制实验定性检测了多种大豆制品（豆芽、豆豉、豆腐、豆酱、酱油等）的过敏原性，结果表明这些大豆制品都会对大豆过敏人群造成潜在的危害。Fremont 等利用 RAST 抑制实验证明了婴儿食用的谷物面粉中添加的乳糖成分中含有 1 ~ 5μg/g 的过敏原 α-乳白蛋白，表明需要对食品过敏原信息进行详细标注，以降低潜在的食物过敏风险。Paschke 等利用 EAST 抑制实验检测比较了精炼大豆油、非精炼大豆油和大豆卵磷脂的过敏原性，结果显示可能是由于精炼过程中的热处理，消除了精炼大豆油的过敏原性。由于 RAST/EAST 抑制实验依赖于合适的过敏人群血清并且很难建立标准的检测方法，所以该方法在食品过敏原定量检测中的应用有一定的局限。

（五）酶联免疫吸附法

目前，ELISA 方法是实验室、食品企业以及食品监管机构检测食品中过敏原最常用的方法。该方法主要是基于抗原或抗体的固相化以及抗原或抗体的酶标记，固相化的抗原或抗体可以保持其免疫学活性，酶标记物在保持其免疫学活性的基础上也保留了酶的活性。常用于食品中过敏原定量检测的 ELISA 方法主要有竞争 ELISA（competitive ELISA）和夹心 ELISA（sandwich ELISA）两种。竞争 ELISA 是将过敏原固定在微孔板上，与样品中的过敏原竞争结合特异抗体；而夹心 ELISA 基于食品过敏原具有多抗原决定簇的特点，先将过敏原的一种特异抗体固定在微孔板上，与样品中的过敏原结合后，然后加入另一种酶标记的特异抗体与过敏原结合。这两种方法均具有实用性强、特异性高、敏感性强等优点。

Ecker 等利用兔多抗和鸡多抗建立了夹心 ELISA 方法检测饼干和面条中的羽扇豆蛋白，该方法准确性高、特异性好，在不同基质中检测限为 0.4 ~ 2.3mg/kg。Ma Xi 等在获得大豆球蛋白单克隆抗体的基础上建立了竞争 ELISA 检测方法，该方法的半数抑制浓度（IC50）为 1.7μg/L，检测限为 0.3μg/L。Hei Wenjing 等用鼠源单克隆抗体作为包被抗体，用兔源多克隆抗体作为二抗建立了检测 β-伴大豆球蛋白的夹心 ELISA 方法，该方法的检测限为 1.63μg/L，线性范围为 3 ~ 100μg/L。

目前，市场上已经有一些商品化的 ELISA 检测试剂盒，专门用于检测食品中的过敏原，可在 1 ~ 2h 内对过敏原进行定性和定量检测。虽然 ELISA 方法有诸多优点，但有时因为食品基质干扰，也会对检测结果造成影响。

（六）侧流免疫层析法

LFA 是 20 世纪 50 年代形成的一种技术，它的基础是乳胶凝集实验。近年来，LFA 已发展成为一种重要的检测方法，结合胶体金标记技术及其他标记技术，这种方法已被开发出多种多样的商业化的检测试纸条。其原理是将抗原或抗体固定于 NC 膜检测区域，然后通过毛细管作用，使样品沿着该膜向前移动，当移动至检测区域时，样品中相应的抗体或抗原就会在此区域发生特异性结合，若用胶体金标记可使检测区域显示颜色，从而进行特异性的免疫检测。Koizumi 等制备并验证了一种胶体金免疫层析试纸条，用于检测加工食品中的甲壳类动物蛋白质，该方法灵敏度高，检测虾蛋白的目测检测限为 25μg/L。类似胶体金的其他纳米颗粒也可以应用于 LFA 的标记材料，例如 Zheng 等将超顺磁纳米颗粒与单克隆抗体偶联，研制了一种能够定量检测鱼主要过敏原小白蛋白的免疫层析试纸，该试纸的检测线性范围为 0.01 ~ 100mg/L。侧流免疫层析法的检测时间比其他免疫学方法大大缩短，可在数分钟内得到实验结果，该方法还具有便携、经济的特点，而且操作简单，不需要任何仪器，可以实现现场实时检测，因而在食品安全监控领域得到广泛的应用。但该方法多为半定量检测，仍有进一步发展的空间。

（七）时间分辨荧光免疫法

TRFIA 是 20 世纪 80 年代迅速发展起来的一种公认的最有发展前途的非放射免疫标记技术。TRFIA 是用具有特殊荧光的镧系离子与螯合剂结合作为示踪物标记蛋白质、多肽、激素、抗体等，在一定的反应体系（如抗原抗体免疫反应、生物素亲和素反应、核酸探针杂交反应、靶细胞与效应细胞的杀伤反应等）发生反应后，用时间分辨荧光仪测定产物中的特异荧光强度，推测反应体系中分析物的浓度，从而达到对待测物质进行定量分析的目的。Faeste 等用铕的螯合物的荧光特性来提高信噪比，建立了 TR FIA 方法来检测食品中的榛子蛋白，该方法检测限可以达到 0.1mg/kg。TRFIA 技术具有灵敏度高、特异性强、稳定性好、测定范围宽、试剂寿命长、操作简便和非放射性等特点，但需要仪器进行荧光强度测定。

（八）免疫传感器检测技术

免疫传感器检测技术是通过实时监测识别元件表面的抗原抗体反应，将传统的免疫测试结果通过传感器转换为精密的数字输出，从而达到分析和检定量测的目的。表面等离子体共振（surface plasmon resonance，SPR）传感器是目前的一个研究热点，其原理是将配体分子预先固定在金属表面上，待分析样品通过样品通道与配体特异性结合形成复合物，当被分析物与配体分子结合后，共振峰的位置会发生位移，该位移的大小将反映固定在金属表面的物质的量，进而监测分子间相互作用，这样就达到了实时监控配体与待分析物的吸附和解吸完整的反应过程。Pollet 等利用光纤 SPR 传感器快速准确地检测花生过敏原，该传感器利用磁性纳米颗粒增强了传感信号，将检测限提高到了 0.09g/mL。Billakanti 等应用 SPR 传感器对加工和未加工过的牛乳样品中的 α-乳白蛋白、β-乳球蛋白、牛血清白蛋白、乳铁蛋白和 IgG 5 种蛋白质进行了检测，平均含量分别是 0.8、4.0、0.21、0.12mg/mL 和 0.48mg/mL，结果与液相色谱和 ELISA 检测结果相一致。免疫传感器技术具有快速、高灵敏和高特异等优点，未来可将其与微阵列相结合，高通量地对过敏原进行定量分析。

综上所述，随着人们对食品安全的重视，新型快速的食品过敏原检测技术必将成为研究热点，而免疫学检测技术则成为其中的重点。免疫印迹、火箭免疫电泳、斑点免疫印迹和放射/酶联过敏原吸附抑制实验 4 种方法由于操作烦琐、不能准确定量、依赖过敏人群血清等自身的局限因素，未能在食品过敏原检测方面得到长足的发展，但仍可作为辅助的检测方法。目前，国内外应用较为广泛的主要是酶联免疫吸附实验、侧流免疫层析法、时间分辨荧光免疫法和免疫传感器检测等方法。但这些方法也存在一些亟须解决的问题：一方面由于食品过敏原种类较多，检测过程中可能会发生交叉反应；另一方面，现有方法可能会存在基质干扰，影响检测结果。因此需要针对单一过敏原制备出敏感性高、特异性强的抗体。同时还需要研究建立即简单便捷，又能减小基质干扰的样品处理新技术，以增加检测的灵敏度和准确性。

随着贸易全球化的发展，不同国家和地域的食品也会相互流通，过敏人群接触食品过敏原的种类和机会也大大增加。为有效避免食品过敏原对过敏人群造成的食品安全隐患，除了在食品包装上对食品过敏原进行严格标注，为过敏人群提供警示信息之外，将免疫学检测技术与其他方法相结合，研发出高通量、高灵敏、高特异、经济快速、简便的食品过敏原检测方法也势在必行。

第三节　免疫学技术在牛奶检测中应用的研究进展

随着科学技术的突飞猛进和人们生活水平的日益提高，人们的食品安全意识也越来越高，对牛奶的质量安全也逐渐重视起来。本节综合阐述了免疫学技术在牛奶质量安全检测中的研究进展，介绍了酶联免疫技术、免疫荧光技术、免疫胶体金技术、免疫 -PCR 技术、免疫芯片技术在牛奶质量检测应用中的优缺点，旨在为进一步开展免疫学技术在牛奶质量检测中的应用提供参考。

中国近年来发生了一系列的食品质量安全事件，如"三聚氰胺"，这些问题让消费者对食品质量安全产生了恐惧心理。结合中国奶业发展的实际，牛奶质量安全成为影响奶业发展的重要因素。生产者应高度重视牛奶安全问题，完善检测技术，保障消费者的健康。因此，进一步加强牛奶的检测和监管，对于提高牛奶的质量安全具有十分重要的意义。免疫学技术具有简便、快捷、灵敏、高效、特异性强等优势，应用领域广泛，可用于检测食物中蛋白质、激素、药物残留、细菌、真菌、毒素及其他生理活性物质等。免疫学检测技术是世界粮农组织（FAO）推荐的微生物检测技术，在牛奶质量检测分析中扮演着十分重要的作用。本节综合阐述了免疫学技术在牛奶质量安全检测中的研究进展，介绍了酶联免疫技术、免疫荧光技术、免疫胶体金技术、免疫 -PCR 技术、免疫芯片技术在牛奶质量检测应用中的优缺点，旨在为进一步开展免疫学技术在牛奶质量检测中的应用提供参考。

1971 年瑞典学者 Engvall 和荷兰学者 Van weeman 分别提出了酶联免疫技术，扩大了其应用范围，使免疫学技术应用于食品安全检测成为可能。免疫学技术的基础是抗原与特定抗体发生特异性结合产生凝聚或者沉淀反应，即以准备好的特异性抗原（抗体）作为试剂，检测待测标本（样品）中的相应抗体（抗原）。由于抗原抗体的结合高度的敏感和特异，并且抗原（抗体）量与其反应强度呈明显的函数关系，可以对样品进行定性或定量分析。由此建立的一系列灵敏、高效的免疫分析方法，可应用于多种成分复杂样品的检验，除免疫学、分析研究和医学检验外，还可应用于法医鉴定、生物分类、食品安全的检测等。

一、酶联免疫技术

酶联免疫分析技术（enzyme linked immunosorbent assay，ELISA）是将可溶性的抗原（抗体）经过特殊处理吸附到某种固相载体表面，并保持抗原（抗体）的生物学活性，与标本中的抗体（抗原）反应后，只需经过固相的洗涤，就可以把抗原抗体复合物和其他物质分开，简化了操作步骤。由于酶的催化效率很高，加强了初级免疫反应的效果，从而使此测定方法的敏感度大大提高。

酶联免疫分析技术从 20 世纪 70 年代开始出现，最开始应用于黄曲霉毒素的检测。黄曲霉毒素 M1 是动物体通过饲料或其他途径摄入的黄曲霉毒素 B1 在机体内羟基化代谢的产物。中国对奶制品中的黄曲霉毒素 M1 的限量要求是不超过 0.5 μg/kg，黄曲霉毒素 B1 的限量范围为 0.5 ~ 20 μg/kg。由于黄曲霉毒素的限量要求低，但出现率高，因此需要采用准确灵敏的检测方法。管笛利用半固体筛选的方法，筛选出抗黄曲霉毒素 M1 抗体单克隆细胞株，利用该种抗体建立了超灵敏的间接竞争酶联免疫法，用于检测生鲜乳及婴幼儿乳制品中黄曲霉毒素的残留，检测限分别为 3 和 6 ng/L。利用该方法进行样品的检测，回收率可达到 91% ~ 110%。Khalaf 等通过酶联免疫法检测当地的奶制品中黄曲霉毒素 M1 的污染情况，81.8% 的样品中残留有黄曲霉毒素，检出浓度范围在 0 ~ 25 ng/L。

在奶牛的养殖过程中，部分药物常被用于牛的保健和感染性疾病的治疗。在使用药物的同时会造成其在动物组织、细胞及奶产品中的残留。世界各国都十分重视药物在动物性食品中的残留问题。近年来，药物残留的酶联免疫检测方法已经建立。Huet 等利用沙拉沙星和诺氟沙星的哌嗪环二位氨基连接羧基，利用人工合成的免疫原，获得的抗体可识别 15 种氟喹诺酮类药物，而且大多数 IC50 都小于 1 ng/mL，利用该抗体建立的 ELISA 检测方法可用于检测多种组织的氟喹诺酮类抗生素残留。Duan 等利用环丙沙星结构上的羧基与载体蛋白中的氨基直接合成人工的免疫原，得到针对环丙沙星的多抗，并且建立相应的 ELISA 方法，此检测方法的最低检测限为 0.32 ng/mL，且在不同基质（肉、奶）中的添加回收率达到 80% 左右。Van Coillie 等通过氟甲喹、碳原子与离子化的卵清蛋白共轭建立的间接竞争酶联免疫法，提高了酶联免疫法的灵敏度，检测牛奶中的氟甲喹的残留水平，检测限达 12.5 μg/kg。但该方法可能存在各种干扰因素，如果没有精确的方法和质量控制标准容易出现假阳性，也可能发生交叉效应。

学习模式分为大课与小课，大课在人口集中的辖区内举行，地方合作组织单位领导对参训学员进行政策性就业指导与培训就业动员，要求学员严格按照课程设置配合学校教学工作，珍惜学习机会，练就专业技能本领，争取早日走上工作岗位，促进家庭经济增收。

二、免疫荧光技术

免疫胶体金技术（immune colloidal gold technique，ICGT）是以胶体金作为示踪标记物应用于抗原—抗体反应的一种新型免疫标记技术。胶体金是在还原剂（柠檬酸三钠、抗坏血酸、白磷、枸橼酸钠、鞣酸等）作用下，由氯金酸（HAuCl4）聚合为特定大小的胶体金颗粒，由于静电作用而形成稳定的胶体状态。在弱碱性环境下胶体金带负电荷，在静电的作用下，胶体金可以和蛋白质分子的正电荷基团产生牢固的结合，所以胶体金能迅速又牢固地吸附蛋白质，而蛋白质的生物学活性没有明显改变，不影响蛋白质的功能，因而其在牛奶中药物残留检测方面的应用受到了广泛的重视。此种方法灵敏准确、快捷迅速、操作简单、安全简便且不需任何设备和仪器，只需制备好试剂盒或测试条即可。由于胶体金本身具有颜色，与 ELISA 相比省略了加显示剂和终止液的步骤，很大程度上简化了操作，更适合于野外或现场应用。李洁等通过协同试验的方法证明用该方法检测牛奶中的三聚氰胺，检出限为 0.5 mg/L，但在实际检测中，待测样品本身所含有的杂质成分（如尿素）会影响检测的准确性和灵敏度。由于该方法没有加入邻苯二胺、放射性同位素等有害的物质，所以不会造成环境污染，具有酶标或放射性同位素等检测方法所不可替代的安全性。

三、免疫胶体金技术

免疫荧光技术（immunofluorescence technique，IFT）也称荧光抗体技术，是将不影响抗原抗体活性的荧光素（如异硫氰酸和四乙基罗丹明等）标记在抗体（或抗原）上，然后把荧光素标记的抗体当作标准试剂，鉴定和检测细胞或组织切片中相应抗原（抗体）的方法。免疫荧光技术包括荧光免疫测定和荧光抗体染色两种类型，其中荧光抗体染色也称免疫荧光组织（或者细胞）化学技术。目前葡萄球菌毒素、李斯特菌、大肠杆菌 O157 等的快速检测都可以用免疫荧光技术来完成。该技术的主要特点为特异性强、快速简便、灵敏度高及测试费用低。免疫荧光毛细管电泳技术是一种用同源氯霉素荧光剂和氯霉素抗体竞争性结合的方法来检测氯霉素的技术。Zhou 等利用该分析方法在标准缓冲液中检测到的最低氯霉素浓度为 0.1 ~ 0.5 ng/mL，在用乙酸乙酯萃取过的牛奶中检测到的最低浓度是 0.1 ng/mL。这种方法灵敏性高、用时短且速度快。因此，免疫荧光毛细管电泳应该更广泛地应用于试验分析中。Wang 等用免疫层析试纸条来检测赭曲霉毒素 A。金纳米粒子（GNP）与用巯基修饰的赭曲霉毒素 A 适配体（Aptamer）结合，形成复合物（Aptamer-GNP），与适配体互补的 DNA 探针用生物素进行修饰固定在测试区，另一个 DNA 探针固定于质控区。当待测样品中不含 OTA 时，Aptamer-GNP 与适配体互补的 DNA 探针结合，从而在测试区形成红色的条带。相反，当样品中含有 OTA 时，Aptamer-GNP 与 OTA 在结合区便会反应，从而减弱测试区红色的强度。荧光发射信号面积与 OTA 浓度在 0 ~ 2.5 ng/mL 区间内线性相关，该方法达到的视觉可分辨检测限为 1 ng/mL。Giovana 等利用间接免疫荧光法检测牛乳中犬新孢子虫抗体，该方法特异性强、灵敏度高。随机抽 112 头泌乳奶牛的牛奶样品，检测发现约 78% 牛奶样品中含有犬新孢子虫抗体。但此方法还存在一些不足，如非特异性染色的问题未能完全解决，技术程序比较复杂等。

免疫 -PCR 是把聚合酶链式反应和抗原抗体相结合的抗原检测技术，本质是聚合酶链式反应的高灵敏性和抗原抗体反应的特异性结合而形成的检测技术。利用 PCR 技术对奶制品中的牛奶、羊奶进行鉴别,以线粒体 12S rRNA 作为目的基因,采用该技术对羊奶奶酪中的牛源性成分进行检测,检测限达 0.1%。且用该方法对经过高温处理的混合奶和生鲜乳都可以进行鉴别,掺假检测限同样达 0.1%。氯霉素(CAP)是被禁止使用的抗生素,其通过在可食性动物中的非法使用进入食物链,人体摄入后有可能引起再生障碍性贫血。在牛奶中基于免疫磁珠技术对氯霉素离子进行定量检测的实时免疫定量聚合酶链反应(RT-IPCR)方法已经建立,检测浓度范围可达 0.001 ~ 0.1 μg/L。该方法可实现定性和定量的检测,特异性强、灵敏度高,能够进行大量样品的检测且污染少。Kim 等利用 PCR技术可以实现对牛奶中微生物的定量检测,提高对微生物的质量控制,了解牛奶的发酵过程。Bhanurekha 等随机抽取 181 个牛源奶样本,利用 PCR 技术进行鉴定,结果显示 4 个样品呈阳性含有结核杆菌,相比其他测试方法灵敏度更高。Grazia 等利用 1 种非独立培养和 2 种独立培养的实时 PCR 方法对生鲜乳和奶酪中的李斯特杆菌进行检测,在优化所有的反应条件下,PCR 方法显示了 100% 的包容性和排他性,基于 DNA 和细胞的标准曲线显示了良好的线性反应,检测结果达到了 100% 的精确,可变性也小于 90%。Hiitiö 等采集 294 份牛奶样品,利用 PCR 技术进行乳房炎的检测,其中 85.7% 的牛奶样品中至少含有 1 种细菌,最主要是金黄色葡萄球菌,剩余的样品中没有明显的炎症反应。通过 PCR方法能检测牛奶中的细菌,可用于奶牛细菌的实时监测。在牛奶中,通过水浴法形成的氧化铁对于沙门氏菌的捕获能力较低,Dai 等利用 PCR 技术,通过聚甲基丙烯酸羟乙酯 / 酰胆碱包裹的免疫磁珠颗粒具有的高捕获能力,在 5 h 的蛋白胨中培养以后,将聚甲基丙烯酸羟乙酯 / 酰胆碱包裹的免疫磁珠颗粒应用于 PCR 检测中,沙门氏菌检出限为 0.1 CFU/mL,在细菌检测方面具有很高的检测限 . 但是该方法还存在假阳性、结果不稳定等问题,有待于进一步完善。

五、免疫 –PCR 技术

为了跟上先进的潮流,充分享受最新科技成果的利益,中国的相关组成部分必须时刻关注国内外相关领域的最新发展,积极引进科技优势成果。在建设领域,我们需要引入互联网管理领域的领先技术,以提高中国网站管理的智能性。此外,全面提高我国施工技术人员的综合素质至关重要。技术人员不仅应掌握计算机大数据分析和归纳技术,还应将所学知识应用到实际设计管理中,以提高管理效率,因此适当的业务单位应更加重视并定期组织。负责人员将学习计算机管理技能,提高他们对新管理实践的理解和应用,以提高现场管理水平。

六、免疫芯片

免疫芯片是在固相载体上包被抗体、抗原的微点阵。实质是在很小的体积上有序地集成多种抗体(抗原),根据抗原抗体的特异性结合进行检测。免疫芯片是一种特制的蛋白芯片,芯片上的探针蛋白具有生物学活性,可根据研究目的选用抗原、抗体及受体等。芯片上的探针点阵，通过特异性的免疫反应捕获样品中的靶蛋白，然后通过特定的激光扫描和软件系统进行图像扫描、分析及结果的解释，具有高通量、自动化、灵敏度高等优点。化学发光免疫芯片利用发光的影响引起酶标记化学反应。其都具有高灵敏度的电荷耦合器件或互补对称金属氧化物半导体相机。在现有酶反应中要求均匀的表面以减少在检测区域酶的非特异性结合，提高酶反应的灵敏度。此外，化学发光免疫芯片读出系统需要对温度进行控制，因为酶的活性对温度的依赖性强，用其构筑的蛋白芯片可用于检测牛奶中的药物残留等问题，误差更小。Kloth 等应用间接竞争芯片化学发光免疫法可以在 6 min 内平行分析牛奶中 13 种不同的抗生素。为了提高金纳米颗粒（AuNPS）等离子体吸收能力在检测中的可辨别力，Maier 等研制了一种光学免疫芯片免疫生物传感器，其原理是提高纳米金吸收白色光的能力，能够通过免疫化学反应的发生实现结果的可视化，灵敏度较微量滴定法更高，且检出限能达 1 ng/mL。Parker 等使用免疫芯片检测牛奶中的黄曲霉毒素 M1，检测限为 8 ng/mL，动态检测范围为 10 ～ 100 ng/mL。免疫芯片灵敏度高、选择性好，具有通用性和简洁性，因此适合进行食品安全的检测。免疫芯片在牛奶中抗生素鉴定和量化的过程中将提供快速、准确的测定方法，有利于提高奶制品行业的质量和安全水平。

高效、准确、快速的检测手段对实现奶业生产过程高效的管理及提高奶制品质量安全具有重要意义，随着免疫学技术的日趋完善，其将会更广泛地应用于牛奶质量安全方面的检测，更好地满足于人们的需要。

合作各方以产学研合作教育平台为支撑，通过立项和联合开发等途径，开发学科前沿课程、专题研讨课程、问题中心课程等新型课程，为创新人才培养奠定坚实的基础。

第四节　超市鲜活食品质量农药免疫检测方法

本节在明确我国超市鲜活食品质量安全存在问题的基础上，探讨我国超市鲜活食品质量农药残留免疫检测技术，如速测检测方法、光谱法、生物学检测法等，为鲜活食品中有机磷农药检测提供快速、简单、经济的方法。

一、超市鲜活食品生产供应链质量安全存在的问题

超市鲜活食品供应链质量安全存在的问题涉及生产、运输（流通及配送）、采购及验收、销售等各环节，以下对各环节存在的问题进行分析。

（一）鲜活食品生产环节的问题

对于鲜活食品来说，最容易出现质量安全问题的就是生产环节，质量隐患较大。从整体生产环境而言，鲜活食品的农业投入品污染、生产地环境污染是出现问题的关键所在。当前国内农药种类的年均产量约为 200 个，且原药产量是 49 万吨左右，其中加工制剂多

达500种，在全球领域中位居第二，所以对我国生态环境造成了极大的危害和影响。而对国内的农药结构进行分析后，也可以发现存在农药品种老化及生产比例不恰当等一系列的问题，食品遭受污染的关键就是硝酸盐，而最终问题的缘由就是化肥使用量过大。

（二）鲜活食品进行常温运输无法确保质量

针对水果和蔬菜等鲜活食品来说，国内当前在对其进行运输的过程中，主要的运输方式就是常温运输，并没有打造出一体化的冷链物流。但是大部分水果和蔬菜都具有较强的易腐性质，尤其在出现天气状况较差或交通堵塞等问题时，如果没有及时进行运输，就会造成较大的损失。如果鲜活食品的运输过程较为通畅，也会发生一定的期间损耗。以西红柿的运输为例，其在鲜活配送中心就存在开裂的问题，所以会导致西红柿的感官质量大大下降，这主要是较冷的气候引起的。我国南方地区的温度较高，所以出现鲜活食品低温伤害的问题不多，然而也需要进行预防处理。

（三）鲜活食品验收方式短缺

消费者在采购鲜活食品时，衡量食品质量的关键依据就是气味、状态、颜色及整体外观，但是上述感官检验方式根本不能确保食品的安全性，很多水果、蔬菜等鲜活食品中都存在农药残留量大的问题。此外，利用膨大剂、防腐剂及保鲜剂对水果及蔬菜等鲜活食品进行处理后，虽然能够短期保障食品感官的良好，然而消费者在食用之后，就会出现较大的潜在不良影响，所以还需要借助除感官检验之外的多样化方式对鲜活食品进行验收。

二、农药残留免疫检测技术

（一）速测检测方法

鲜活食品在超市配送中心时，未达周转流动库之前，可以借助速测灵，采样一些不同种类的鲜活食品（极易出现农药残留），对残留量进行检测。将茄果和蔬菜等鲜活食品作为样品，运用速测灵进行检测时，有机磷农药的最低检出极限值是10，耗时5~10分钟。这种检测方式较为便利，在现场检测情况下适用，也存在最低检出极限值比国家规定标准有机磷农药残留量大、灵敏度不高等弊端。速测灵这一检测法仅能够定性检测一些有机磷农药残留，如果存在不同添加剂或者农药，无法达到较好的检测效果。

（二）光谱法

结合待测物质所具有的光学特性，光谱法可以应用检测仪器来完成相关的分析工作。红外光谱法、原子吸收光谱法、荧光分析法及紫外光谱法是几大应用率较高的光谱分析法。其中，紫外光谱法的运用有一定的约束，原因是其检测灵敏度不高。而红外光谱中的表面增强拉曼光谱能够有效分析农药残留，灵敏度较高，得到了普遍推广运用。

（三）生物学检测法

免疫学检测法、生物芯片及生物传感器技术是三大较为普遍的生物学检测方法。其中，生物学检测技术在同其他学科技术进行融合后，即形成了生物芯片、生物传感器，能够对不同类型的生物毒素、食源性疾病、残留农药和抗生素进行有效检测，发展速度极快。利用传感器通过可参加或选择性的方式来分析生物活性物质、部分化学物质的设备就叫作生物传感器。无须开展样本预处理工作、简便及耗时短是生物传感器最显著的优势。通过尼龙网共价键对胆碱氧化酶进行固定，联合氧电极耦合共同构成传感器，可以对氨基甲酸醋之类的农药进行检测。借助戊二醛交联法，在铜丝碳糊电极表面对乙酰胆碱醋酶进行固定。该传感器不仅能够对对氧磷和克百威进行检测，还可以对加标果汁、自来水进行检测，几乎达到了 100% 的回收率。同时，在对生物传感器进行制作的过程中，还会应用到电鳗、野生型及突变型果蝇的乙酰胆碱醋酶，在检测甲胺磷时的最低浓度依次为 53、4.8、1.4μg/L。借助抗原抗体特异性结合的原理来检测鲜活食品中所含的污染物，这是免疫学法的关键，世界粮农组织号召各个国家积极利用免疫学法，其中美国化学会就规定农药残留分析关键技术包括液相色谱技术、气相色谱技术及免疫技术。与光谱法和色谱法相比，免疫学法具有多项优势，例如：样品预处理操作快捷简便，不会应用到大型设施，费用低，具有极高的灵敏度和较强的特异性，能够现场在短时间内有效、快速对数量较多的样品进行检测、筛选。凭借多方面的优势，免疫学法在食品安全检测方面拥有极大的发展前景。

鲜活食品内的农药残留大多数均为痕量，在经济一体化发展速度不断加快的过程中，人们逐渐提升了对食品安全的关注度，所以非常有必要强化对农药检测技术的重视，不断提高技术水平，从而有效控制食品污染问题，确保人们的身体健康，进一步达到消除我国贸易壁垒的目的。

第五节 电化学纳米免疫传感器在食品安全检测中的应用展望

电化学纳米免疫传感器具有检测快速、灵敏、操作简单等优点，在医药、食品、环境及生命科学等领域显示了巨大的应用潜力。本节分析比较了电化学纳米免疫传感器与分析化学仪器检测、免疫检测、以聚合酶链式反应为基础的分子生物学测定技术和基于表面等离子共振、生物薄膜干涉技术的检测方法的优缺点，讨论了电化学纳米免疫传感器本身所面临的免疫结合信号放大处理和商业化应用的两个关键问题，最后，概述了纳米材料在免疫传感器中的应用及电化学纳米免疫传感器在食品检测中的应用并对其在食品检测领域的未来发展作了展望。

随着科学技术的不断进步，食品安全检测技术已经取得了举世瞩目的成就，但是现有的检测方法大多集中在分析化学仪器检测、免疫检测、以聚合酶链式反应（polymerase chain reaction，PCR）为基础的分子生物学测定技术等方面。其中化学测定除对仪器设备的依赖性很大外，因其选择性不强，往往需要对原始样本进行预处理，从而限制了这些方法的广泛使用。而 PCR 方法的灵敏度高，特异性强，但需要对靶分子进行级联放大后才能检测，耗时较长，而且难以实现真正意义上的定量测定。传统的免疫测定方法特异性强、灵敏度高、不需要对原始样本进行特殊处理，但是本质上属于定性或半定量方法，而且不能实现在线或即时检测。生物传感器方法具有特异性强、定量、可以即时和在线检测等优点，但是除酶传感器以外，大多数还停留在研究阶段。尽管基于表面等离子共振（surface plasmon resonance，SPR）和生物薄膜干涉（biolayer interferometry，BLI）技术的仪器已经上市，但是要真正用于食品安全检测尚需努力，而且其相应的仪器设备精密度和成本偏高，难以适应真正意义上的定量测定，特别是快速和在线检测。电化学免疫传感器是基于抗原与抗体的反应进行特异性的半定量或者定量测定的一种以与电化学的传感单元直接接触的抗体或者抗原作为分子识别单元，而且通过传感单元把化学物质的浓度信号转换成相应的电信号的自给式集成元件，通过纳米材料及酶等的信号放大作用，具有特异性强、种类多、测试耗费低、灵敏度高、准确性好、适用面宽等特点。在食品检测、基础和应用电化学研究、环境分析、材料分析及医疗分析与诊断等领域应用广泛。

一、生物传感器概述

生物传感器由于其识别元件是酶、受体、抗体等具有特异性识别能力的生物大分子，所以其特异性识别作用或快速催化作用的特点恰恰可以满足快速、特异性，能够实现即时和在线检测的要求。目前，国内外在生物传感器的研究方面都投入了大量的精力。例如利用酶的识别作用研制出可以检测乙醇、乳糖、蔗糖、乳酸等食品成分的酶生物传感器。同时还有检测甲醇、甲醛等可用于安全检测的酶传感器。生物传感器最活跃的一个领域应该数免疫传感器的研究。免疫传感器的特异性识别分子是抗体，从理论上讲，所有可以作为抗原的生物大分子，如蛋白质、微生物等，以及作为半抗原的化合物，如抗生素、激素、毒素、农药等都可以制备其特异性的识别抗体，从而实现特异性、快速、即时和在线检测。广义的免疫传感器包括酶联免疫吸附技术（enzyme linked immunosorbent assay，ELISA）、放射免疫技术和免疫胶体金试纸条技术。事实上，这方面的研究与成果已经得到了极其广泛的应用。但是由于 ELISA 和试纸条技术实际上只能进行定性或半定量检测，再加上数据处理和加样方式的限制，要实现即时、准确定量和在线检测几乎是不可能的。所以免疫传感器的研究更多地集中在如何准确定量测定到抗原抗体结合的信号变化及其处理方面。根据其信号转换方法，免疫传感器大致分为 4 类：电化学、光学、压电和测热免疫传感器。

经过多年的研究，国外已经在利用光学 SPR 和 BLI 技术，通过测定抗体和待测菌的特异性抗原的结合情况检测病原菌方面取得突破性进展，相关的仪器设备也已经上市销售，但是该技术依然是依据 ELISA 或芯片技术原理进行设计，能够实现对抗原的高通量的测定，广泛用于分子互作研究、药物的高通量筛选和分子生物学研究等，但是不能实现真正意义上的定量分析，而且其仪器设备要求精度高、价格昂贵，不能实现在线检测。尽管如此，该技术在食品安全检测方面仍然具有广泛的应用前景，已经受到科学家和企业家的密切关注，尽管在病原菌检测方面仍然处于研究阶段。

二、电化学免疫传感器概述

电化学免疫传感器是另一个备受关注的研究方向，这主要是因为电化学传感技术已经非常成熟和普及，如果能够将抗原和抗体的结合信号转化成电化学信号，再经过放大和处理，就可以实现利用电化学信号系统对抗原、半抗原或者带有该抗原的病原菌进行快速、特异性定量检测。在这方面面临的关键问题是：抗原和抗体结合的微弱信号如何能够转化成足够强的电化学信号，再进行放大处理。

用来提高抗原和抗体结合后的电化学信号变化的方法有：利用辣根过氧化物酶、碱性磷酸酶、漆酶和葡萄糖氧化酶；利用纳米粒子增加抗体的特异性吸附并提高吸附量和量子点；寡核苷酸和染料用来标记所发生的信号变化。这些方法的单独和联合使用可以大大提高检测抗原抗体结合的灵敏度。Castaneda 等设计了一个抗原 - 抗体结合所产生的信号转化为电化学信号，再通过催化吸附在纳米金粒子上的对硝基酚进行信号放大的传感器。Mao Xun 等则利用他设计的基于纳米金免疫传感器成功检测了人 IgG。此外，纳米材料和酶可以用来在抗原抗体结合时放大电化学信号，Mackey 等通过将抗人 IgG 进行辣根过氧化物酶标记后吸附到纳米金粒子上制成电化学免疫传感电极，结果使其测定灵敏度高于 ELISA，达到 260 pg/mL。电化学免疫传感器的另一个关键性问题是如何为电极吸附更多的抗体，最好的方法就是纳米材料的利用。目前这方面已进行了大量研究，所用的纳米材料主要有 3 种：碳纳米管、纳米金粒子和石墨，并取得了较为理想的研究结果。

在免疫传感器方面，一个主要的挑战是如何实现商业化应用。因为其商业化应用面临诸多关键问题：1）必须能够实现快速、定量和大规模的样品测定；2）高度的特异性，不能有交叉反应形成明显干扰；3）高质量的操作规范；4）测定费用可以接受；5）重复性和灵敏度足够高；6）再生性能性好，半寿期足够长。解决这些问题主要途径是：1）增加测定灵敏度、提高抗体吸附量以增加其测定样品数量；2）增加纳米免疫电极的半衰期和再生能力。

三、纳米材料在免疫传感器中的应用

（一）纳米材料

纳米材料是一种超细的固体材料，即其在微观结构上至少有一维方向受纳米级尺度（1 ~ 100 nm）所调制，具有表面效应、体积效应、量子效应和宏观量子隧道效应。此外，由于纳米材料还具有特殊的光学性质、催化性质、光电化学性质以及良好的吸附能力和生物兼容性等特点，被广泛应用于免疫传感器研究，可显著提高生物分子的吸附量，同时放大电信号，从而使传感器的灵敏度、寿命、稳定性等得以提高。

纳米材料（例如：纳米金）与抗体的结合，一般认为是纳米金表面负电荷和抗体的正电荷基团因静电作用而吸附，并形成 Au-S 等稳定化学键作用。汤俊琪等报道了免疫酶吸附法评价纳米金对抗体 Fc 端的吸附效果，表明纳米金吸附主要是在抗体 Fc 端，且吸附率达到 92%，抗原结合部位 Fab 端裸露在外，可与抗原发生特异性反应，纳米材料的使用不仅可以增大抗体吸附量，同时也保证了传感器的稳定性。

由于纳米材料可以增加其操作的选择性和特异性识别分子的量，所以大大增加检测灵敏度。因为极低水平的致病菌足以造成食品安全隐患，所以各国都规定食源性病原菌不得检出。也就是说，增加测定灵敏度是保证食品安全的关键。此外，纳米免疫技术不仅可以用来提高食源性病原菌的检测限，而且用来提高对毒素、蛋白质营养成分、抗生素、农药等的检测灵敏度。在生物传感器中，纳米材料可以大大增加吸附识别分子的特异性和表面，从而增加检测靶分子的灵敏度和测定量，这对于提高测定靶细胞（病原菌）的灵敏度至关重要。研究结果证明应用纳米生物传感器检测 E.coli O157 ： H7 的灵敏度比 ELISA 或异硫氰酸荧光素灵敏度提高了 16 倍。为适应食品安全检测的要求，往往需要测定到单个细菌细胞的水平，显然更需要纳米技术的帮助。

（二）纳米材料在生物传感器中的应用

通过抗细菌的特异性抗原制备抗体，在经过纳米材料吸附抗体来完成食源性病原菌的测定一直是一个热点领域。病原菌的 QDs（量子点）荧光标记被用来测定食源性病原菌，如：单增李斯特菌、致病大肠杆菌（E.coli O157 ： H7）和志贺氏菌（Shigella flexneri）等。一项对白条鸡洗涤液中鼠伤寒菌的 QDs 为基础的免疫测定中，灵敏度可以达到 103CFU/mL。这些纳米粒子上结合事件的发生点数和位置可以通过定位性 SPR、LSPR（localized SPR）或纳 SPR 进行测定。Marinakos 等用固定了抗体的纳米金粒子同时测定了 E.coli 鼠伤寒菌的 LSPR 变化，结果表明，检测限达到 102CFU/mL，比传统检测时间减少 30 min，Wang Chungang 等用此方法结合抗体连接的纳米金粒子双光子瑞利散射测定 E.coli O157 ： H7，其检测限达到 50 CFU/mL。Andre 等用间接抗沙门氏菌多克隆抗体吸附在纳米磁珠上，然后再和含沙门氏菌样品液（含沙门氏菌的脱脂奶样品）混合培养，通过微分脉冲伏安法进行测定，检测限达到 143 细胞 /mL。并在 10^3 ~ 10^6 细胞 /mL 呈线性关系。Kang Xinhuang 和 Wu Hong 等研究小组等报道了以天然分子壳聚糖分散石墨烯并结合铂纳米颗粒制备的葡萄糖氧化酶传感器，研究表明，由于石墨烯的加入使得该新型传感器展现出良好的稳定性和抗干扰能力，具有灵敏度高、响应快、检测限低等优点。韩玉花报道了一种基于金包覆磁性纳米粒子的电位型免疫传感器检测小鼠的 IgG，该传感器的响应电位与抗原（小鼠 IgG）质量浓度的对数在 2×10^{-5} ~ 1×10^4ng/mL 范围内呈良好的线性关系，

检测下限为 3.1×10^{-4} ng/mL，响应时间为 8 min。该传感器的制备方法简单、无须标记过程、成本低廉、响应灵敏、性能稳定，具有潜在的应用前景，对制备其他类型免疫传感器具有重要参考价值。闵红等将金掺杂的四氧化三铁纳米颗粒用壳聚糖交联后制备生物传感器，在检测有机磷农药时发现，在优化条件下，对有机磷农药敌敌畏线性检测范围为 $8.0 \times 10^{-13} \sim 1.0 \times 10^{-10}$ mol/L，最低检出限达到 4.0×10^{-13} mol/L，远远优于我国 GB/T 5009.20—2003《食品中有机磷农药残留量的测定》（0.1 mg/L）。另外，在以壳聚糖为交联剂制备金掺杂的二氧化钛复合纳米粒子修饰电化学传感器对有机磷农药对硫磷进行检测研究时发现，金掺杂二氧化钛复合纳米粒子大的比表面积能增加对底液中对硫磷吸附量，提高检测灵敏度；所制备电化学传感器利用示差脉冲伏安法在最优条件下对对硫磷进行检测，检测范围为 $1.0 \sim 7.0 \times 10^3$ ng/mL，检测限达到 0.5 ng/mL。

四、电化学纳米免疫传感器在食品检测方面的应用

电化学免疫传感器由于具有高灵敏度、低成本、灵活便携等优点，在食品安全检测方面有着巨大的应用前景，以下从蛋白分子、细菌、毒素及农药残留几方面简要叙述。

康晓斌等研制的牛 IgG 电流型纳米免疫传感器定量检测牛初乳制品及乳制品中牛 IgG 的含量，以响应电流的变化率 ΔI 对牛免疫球蛋白 G 的质量浓度的对数做图，结果表明，该传感器在牛 IgG 质量浓度 0.1 ~ 10 000 ng/mL 范围内呈线性相关关系，与传统检测方法相比较，无需对检测样品进行提取或预浓缩等复杂的前处理，检测灵敏度高，操作简便快捷，但仅仅可以保存 15 d 左右，寿命较短。

Geng Ping 等报道了一种阻抗型电化学免疫传感器检测河水中的大肠杆菌，该传感器线性范围在 $3.0 \times 10^3 \sim 3.0 \times 10^7$ CFU/mL，最低检测限达到 1.0×10^3 CFU/mL，同样也存在寿命较短的问题。Kang Xiaobin 等研制的双层纳米金蜡样芽胞杆菌免疫传感器以电流在免疫前后的变化率 ΔI 与蜡样芽孢杆菌的菌落数（用甘露醇卵黄多粘菌素培养基进行平板菌落计数）作图，结果该传感器的响应电流与菌浓度在 $5 \times 10^1 \sim 5 \times 10^4$ CFU/mL 范围内呈线性关系，以 3 倍空白值的标准偏差计算该传感器的检测限为 10 CFU/mL，灵敏度可与 PCR 检测方法相媲美，几乎达到了细菌检测的极限，但保存 20d 后电流响应信号为初始电流的 93.56%，表明使用寿命也较短。

Masoomi 等报道了一种检测黄曲霉素 B1 非酶标记电化学纳米金免疫传感器，响应范围 0.6 ~ 110 ng/mL，最低检测限为 0.2 ng/mL；Zhou Linting 等报道了一种检测黄曲霉毒素 B1 的超灵敏电化学纳米免疫传感器，其响应范围为 $3.2 \times 10^{-16} \sim 0.32 \times 10^{-13}$ mol/L，最低检测限为 1×10^{-16} mol/L（RSN=3），可稳定保存 26 周；Li Zaijun 等也报道了一种检测蜂蜜中黄曲霉毒素 B1 的阻抗型免疫传感器，阻抗响应范围为 0.1 ~ 10 ng/mL，最低检测限为 0.01 ng/mL，在 4℃保存 180 d 后仍具有 95% 的活性，且不受黄曲霉毒素 B2、G1、G2 和 M1 的干扰；Gautam 等报道了一种检测牛奶中黄曲霉毒素 M1 的阻抗型免疫传感器，灵敏度可达 0.001 ng/mL。对黄曲霉毒素的检测近年来发展迅速，无论是灵敏度或者稳定

性上都体现了电化学免疫传感器巨大的应用潜力。

杜淑媛报道的克百威农药残留检测用电化学免疫传感器，在最优条件下其具有较宽的线性范围：0.1 ng/mL ～ 1 μg/mL，检测限为 0.021 ng/mL（RSN=3），保存 15 d 后响应电流保留了原来的 93.5%，尽管农药生物传感器发展速度很快，但商业化产品的研制仍处于初期阶段，还有待于进一步的发展。

电化学纳米免疫传感器是一种将电化学分析方法与免疫学技术相结合而发展起来的具有快速、灵敏、选择性高、操作简便等特点的生物传感器，同时结合纳米材料良好的吸附能力、表面效应、小尺寸效应、量子效应和宏观量子隧道效应等特点，大大提高了传感器灵敏度、稳定性和抗体分子吸附量。更重要的是，目前已有抗体（病原体、毒素、肿瘤表面标记物、遗传标记、细胞因子、抗生素、农药）绝大多数都是以 Balb/c 小鼠制备的单克隆抗体。显然，这可以成为一个针对目前所制备的非常广泛的单克隆抗体的检测平台，因为其抗体来源于一个相同的无性系小鼠，其 Fc 序列、结构和功能是相同的，因此，其操作和检测方案是基本相同的，而且还可以针对需要随时通过成熟的杂交瘤技术定制待测靶标的单克隆抗体。电化学纳米免疫传感器将在食品检测领域发挥极其重要的作用。但就目前来说，电化学纳米免疫传感器的发展仍面临着多方面挑战，需要在使用寿命、再生性、稳定性等方面投入更多精力，从而推进其商品化应用进程。

第六节　抗微生物药物残留的免疫学检测技术探究

目前在食品安全领域中，免疫检测技术有着极为广泛的应用，现阶段经过完善的免疫检测技术在抗微生物药物残留检验中也得到了初步的应用，对于抗微生物药物残留安全监测体系的建立起到了积极的促进作用。本节就抗微生物药物人工抗原合成与抗体的生产技术进行了简单的讨论，着重对量子点荧光免疫分析法、免疫传感器的研究情况进行阐述，希望能够对广大同行起到借鉴与参考的作用。

就目前情况来看，抗微生物药物主要分为七大类，包括抗生素、生长促进剂、灭锥虫药、驱肠虫药、抗原虫药、β - 肾上腺素能受体阻断剂以及镇静剂。从毒理学与临床药学用途上来看，抗微生物药物也分为抗生素、抗寄生虫药物、生长促进剂以及合成抗菌素四大类。由于抗微生物药物在的残留会对人体造成较大的危害，而且抗微生物药物在环境中残留也会对环境造成直接的影响，建立科学有效的抗微生物药物残留监管体系对于保护环境、保证人类身心健康而言有着重要的意义。现阶段，液相色谱 - 质谱连用技术在检测抗微生物药物残留方面灵敏性与可靠性极高，是现阶段抗微生物药物监管体系中采用的主要检测技术，但是该技术的缺点在于检测时间较长、费用极高，并且只能够在实验室环境下依靠专业的技术人员进行操作，适用面较窄。以抗原 - 抗体特异性结合反应为基础的免疫检测技术作为一种实用性较强的检测技术在实际应用方面得到了广泛的好评，该技术的优点在于检测时间短、成本低、检测结果可靠，同时，该检测技术不仅能够在实验室中进行，也可以进行快速的现场检验，应用前景极为广阔。

一、人工抗原合成

抗微生物药物主要是小分子的化合物，只具有一定的反应原性，不具备免疫原性的半抗原。在制备抗体的时候，需要对抗微生物药物进行改造，才能够保证其具有免疫原性并且从半抗原转变成全抗原。现阶段，抗微生物药物人工合成方法仍然较为落后，多采用较为被动的筛选法，简单地说就是将合成的人工抗原免疫动物中提取，这种方式不仅需要耗费大量的人力与物力，还具有较高的盲目性，实用价值并不高。现阶段通过计算机建模的方式进行人工抗体合成模拟，取得了令人满意的成果。通过计算机建模能够更好地将半抗原的生物活性、三维结构以及电化学信息以直观的数据反映，对于最佳半抗原的选择更为快速。除此之外，也可以对目标物分子结构与半抗原结构进行对比，寻找出产生高特异性或者宽谱特异性的抗体结构特征。

二、抗体生产

影响免疫检测技术时效性的因素众多，其中最主要的影响因素是抗体免疫化学性质，因为抗体对于目标物的专一性与亲和性是检测抗体性质最主要的方向。现阶段在免疫检测中主要使用的抗体一共分为四种，即单克隆抗体、多克隆抗体、重组抗体与卵黄抗体。其中单克隆抗体与多克隆抗体是最早出现，经过多年的应用相关的生产链已经较为成熟并且在抗微生物残留检测中有着广泛的应用。除此之外，卵黄抗体以其产量较高，同时生产成本极低，与哺乳动物交叉中反应较小的优点，在近年来的抗微生物药物残留检测中得到了初步的应用。重组抗体作为基因工程技术产物，涉及的种类非常多，与前者相比，重组抗体的筛选范围更为广泛，而且生产周期极短，有极强的可控性，能够从很大程度上解决抗微生物药物人工抗原合成困难的现状。

三、免疫检测技术

传统的免疫检测技术主要为胶体金免疫层析与酶联免疫吸附试验两种，这两种方法在时效性和通用性方面有着较强的优势，因此到目前为止在免疫学检测中仍然有着较为广泛的应用。量子点荧光免疫分析法是一种新型免疫学检测技术，量子点指的是通过激发光产生荧光的半导体纳米微晶粒，激发光谱宽、荧光强度高、稳定性高是它最突出的优势。现阶段通过将量子点作为荧光标记探针于抗体上，在抗微生物药物残留免疫学检测中有着广泛的应用。免疫传感器作为一种生物传感器，主要构成部分为换能器与抗原或者抗体，基本功工作原理是通过样本中抗原与传感器表面抗体结合后电荷变化使得换能器检测到变化的电信号，最终达到检测的目的。目前免疫传感器种类较多，包括光化学传感器、半导体传感器、电化学传感器、荧光传感器、等离子共振传感器、压电晶体传感器等等。

免疫检测技术的优势在于通用性、灵敏性、特异性较好，在抗微生物药物残留检测中有着极为广泛的应用。传统的与酶联免疫吸附试验是目前免疫学检测中应用最为普遍的技术，但是随着未来免疫学检测技术的发展，新的免疫学检验技术必将得到更为广泛的应用。

第七章　食品微生物检测技术研究

第一节　食品微生物检测内容与技术概述

食品安全问题一直是人们关注的重点，食品安全关系着人们的身体健康和国家的长治久安，加强食品检验检测至关重要。食品微生物检测是食品检测的重要环节，加强食品微生物检验检测对提高食品安全有着重要意义。本节就微生物检验的内容与技术展开讨论。

一、食品微生物检验的意义

食品微生物检验是食品安全检验检测检测的重要组成部分，可以作为衡量食品能否食用的科学依据，也是衡量食品卫生质量的重要指标；通过对食品进行微生物检验，可以正确评价食品被细菌等微生物污染的程度以及食品加工环境是否符合要求，从而为食品安全管理工作提供依据，同时为提高食品安全质量，防止和减少食品安全风险和食品安全事故提供科学指导。

二、食品微生物检测的内容

食品安全微生物检验检测的项目主要包括细菌检验和真菌检验。其中，细菌检验主要指包括菌落总数、大肠菌群在内的卫生指标菌检验以及包括沙门氏菌、金黄色葡萄球菌、单核细胞增生李斯特菌等在内的致病菌检验。真菌检验包括霉菌、酵母菌数测定，产毒霉菌检验，霉菌毒素测定等项目。此外，微生物检验还应包括相关病毒及寄生虫的检验。

菌落总数是判定食品被微生物污染的重要指标，通过观察食品中细菌的繁殖动态为对食品进行安全评价提供依据。其检验流程主要包括样品的均质处理，适当温度培养，计数单位样品中所含的菌落总数。大肠菌群来源于人和温血动物的肠道，广泛存在于温血动物粪便以及被粪便污染的场所，是检验粪便污染的指示菌。食品中大肠菌群的数量越多，说明食品被粪便污染得越严重。大肠菌群不仅可以提示食品中粪便的近期污染，也可提示食品中粪便的陈旧污染。

致病菌，也称为病原微生物，是指能够引起人和动物疾病的致病性微生物，包括细菌、病毒、支原体等微生物。影响食品安全比较常见和严重的致病性微生物主要有副溶血性弧菌、阪崎肠杆菌、沙门氏菌、大肠埃希氏菌 O157：H7、金黄色葡萄球菌等。副溶血性弧菌是一种海洋细菌，是沿海及部分内地区域食物中毒的主要致病菌。近年来，由于海鲜等海产品空运，内地城市病例也逐渐增多。食用被副溶血性弧菌污染的食物会引起食物中毒，主要症状表现为腹痛、呕吐、腹泻。阪崎肠杆菌可引起新生儿小肠结肠炎、脑膜炎、败血症等重大疾病，死亡率高达50%，主要通过婴幼儿奶粉感染。目前，阪崎肠杆菌的污染已经引起世界范围内的重视，我国《食品安全致病菌限量》（GB29921-2013）也对该项目作了相关规定。世界范围内有记载的食物中毒事件中，由沙门氏菌引起的占到绝大多数，沙门氏菌引起的食品中毒事件也是我国最主要的食品安全事故。因此，各国普遍提出沙门氏菌的限量要求。单核细胞增生李斯特氏菌是重要的食源性致病菌。我国食品安全标准分别对相关的致病菌的限量和检验检测方法做了规定。

三、食品微生物检测技术

（一）常规方法

在现行食品微生物标准体系中，一般都是检验菌落总数、大肠菌群以及一些常见致病菌。样品均质并且进行相应的培养后，对可疑结果一般采用培养观察法、染色镜检法、硝酸盐检测、血清凝集实验、生化法等方法进行鉴定。这些检验方法检出的结果十分准确，但是消耗的时间很长，操作过程也相对比较繁杂。

（二）分子生物学检测技术

微生物的分子生物学检测技术主要包括普通PCR、多重PCR、实时荧光定量PCR在内的PCR技术和基因芯片。作为分子生物学的基本技术之一，PCR技术现在已经被广泛应用于食品微生物检验检测，具有速度快、效率高的特点，缺点是容易有假阳性。多重PCR是在PCR技术基础上改良的一种技术，其原理和PCR技术一样，不同之处在于在一个反应体系中使用多对引物，可以同时对多个目标片段进行扩增，同时检出多种病原微生物，更加高效、经济、便捷，相较于普通PCR和多重PCR技术更加方便。

（三）其他检测技术

抗阻测定法通过用不同的培养基培养样品后利用抗阻测量仪检验微生物生长状况、分析生长特征进而辨别不同的微生物，这种方法重复性好，特异性强，已经被广泛应用于霉菌和细菌的检验。气相色谱法是通过分析不同微生物细胞的化学组分来区分鉴别微生物的一种方法。免疫分析检测技术分为免疫荧光技术和酶联免疫吸附技术。免疫荧光技术现在主要应用于沙门氏菌、李斯特菌等致病菌的检验。酶联免疫吸附技术将抗原或抗体吸附于载体，用免疫酶染色，根据显色反应来获得检测结果，这种方法结合了免疫荧光技术和放射免疫测定技术，适用范围广、检测准确度高。随着检验检测技术不断发展，食品细菌检测水平也在不断提高。

随着科学技术的不断发展与进步，食品微生物检验检测的内容也会相应地扩充，同样，食品微生物检测的技术也会不断更新，食品微生物检验在食品安全中心扮演的角色会越来越重要。

第二节 食品微生物检测中快速检测法的应用探究

随着社会的不断进步和经济水平的不断提高，人们对食物的要求和国家对食品微生物检测技术的要求也越来越高。微生物种类和数量是食品检测的主要指标，其水平直接影响食品的安全性，严重威胁人们的生命安全。

食品是人们生活的基础，所以食品的检测已经成了目前国家重点关注的问题，但在生产的过程中总是由于各种外在的因素导致食品中有剩余的微生物细菌存留，而这些细菌是肉眼观察不出来的，所以需要采用进行微生物检测，食品检测中合理的引用快速检测方法，可有效提升食品的检测效率。

一、传统检测方法

（一）琼脂平板培养法

琼脂平板培养法包括选择性培养基检测方法和显色培养基检测方法。选择性培养基检测方法利用不同微生物化学物质及其敏感度的差异性，在琼脂平板培养基中，加入具有抑制效果的化学制剂，可对某种微生物的生长产生一定影响，从而对其进行检测。显色培养基检测方法利用生物化学反应进行检测，在琼脂平板培养基中适当地加入细菌特异性酶显色物质，从而使其所检测的菌群发生颜色的变化，根据所呈现的变化情况判断该物质的数量以及存在状况检测微生物种类，这种方法是目前检测食品微生物致病菌最常见的传统方法之一。调查结果显示，检测过程中存在部分微生物感染不能全部检测出来的情况，并且所获得的检测结果还可能是假阴性。

（二）显微镜检测方法

将待测食品中的微生物进行富集，之后将其滴在放置好的载玻片上，用准备好的盖玻片将其盖好后，向其中适当地添加香柏油镜检。

二、免疫学方法

（一）免疫层析技术

在免疫测定技术中，免疫层析是一种新兴的方式，其检测主要是在相应的膜毛细血管作用下，检测的物质发生定向移动，且在这个过程中，有效地实现抗原抗体的融合、固化和分离，最后根据颜色的变化来判断食品的合格性。但是据目前的调查结果来看，最受欢迎以及应用最多的是金免疫层技术，它所应用的范围非常广泛，所涉及的食品行业也非常多。与其他技术相比较，金免疫层技术操作简易，且不会造成任何污染。另外该技术在沙门氏菌、布氏杆菌的检测方面，也取得了良好的效果。

（二）免疫磁珠技术

免疫磁珠法将磁珠微球技术与免疫化学技术进行有效的结合，具有快速性和高效性。

（三）酶联免疫吸附技术

酶联免疫吸附技术主要是将放射免疫技术和荧光技术相结合，同时应用该技术进行检测时，必须要将其具有的抗原抗体特异性充分利用起来，另外将免疫酶进行染色，可有效实现食品微生物的快速检测目标。

（四）免疫荧光技术

免疫荧光技术能够对食品中含有的活性抗原体进行荧光标记，肉眼是观察不到其荧光所在的，只有在相应的显微镜下才能观察到其荧光，从而有效地对食品微生物进行快速地检测。免疫荧光法所具有的特点就是时间偏短，操作简便，主要应用于沙门氏菌的检测。

（五）乳胶凝集试验

乳胶凝集试验获得的结果比较直观的，其主要是通过在抗体上被大分子乳胶颗粒标记，同时又和待测的微生物发生凝集的现象，以此来达到检测的目的。这种方法在免疫检测中是比较常见的一种，且检测效果十分可观。

（六）免疫印迹法

在很多食品中主要检测的微生物就是酵母菌和真菌，免疫印迹法是最为有效的检测方法，其应用的主要步骤是从聚丙烯酰胺凝胶电泳到电转移再到酶的免疫定位，具有较高的灵敏性、分辨率和特异性。

三、细菌计数法

（一）流式法

流式法主要是指充分利用激光技术识别细胞的浓度。流式法主要流程如下：①选择好检测样品，之后通过激光进行照射；②检测者要时刻对样品的变化进行密切观察，看是否存在着反射现象；③详细分析检测的样品，其中包括细胞的大小以及和散射光之间的联系、激光亮度和细胞膜的抗原强度之间的密切关系；④得出最终结果，并且进行详细的记录。合理地应用流式法，不但能够将微生物的形状进行快速地检测，同时对于所含有的菌群数量也依然能够准确地检测出来。流式法主要应用于牛奶中菌群数量的检测。最终检测结果可能会直接的受到蛋白质的影响，但是通过合理的应用流式法能够有效地解决此问题，并且所应用的检测时间也是偏短的，还能有效的对其含有的活性酶以及细菌进行快速地检测，这项技术随着近几年的不断发展已经日渐成熟，并且是值得在如今食品检测中被广泛应用。

（二）固定式计数法

固定式计数法也是常见的检测方法之一，又被称为 SPC 计数方法，这项技术方法具体应用于单个微生物或者革兰氏阴性菌的检测，这个方法与其他的检测方法相比更准确。

四、传感器检测方法

（一）基因传感器法

基因传感器法主要是在传感器上固定一个已知核苷酸序列的 DNA 分子单链，同时要让其和另一条相关的 DNA 单链杂交，从而有效的构成一条新的双链 DNA，这样能够将物理信号通过换能器准确地反映以及传达出来。基因传感器所应有的优势是具有较高的灵敏性以及在操作上是比较容易操作的。现如今我国所呈现的基因传感器是多种多样的，但是主要将其概括为石英晶体振荡器以及电极电化学式基因传感器 2 种。

（二）生物传感器

应用生物传感器进行有效的检测，主要是将被测物质放在生物接收器的敏感材料上，同时出现一系列的化学反应现象，所表现的现象可能是颜色以及离子强度发生了改变，或者有强烈的信号发出。这个生物传感器所具有的优点就是灵敏度较高。所检测的微生物主要是食品中的大肠杆菌、金黄色葡萄球菌等。但是如果想要获得更加的检测效果可以采用酶免疫电流型生物传感器。

五、代谢法

（一）阻抗法

阻抗法的应用是和别的检测方法有着一定的不同的，因为首先应用这种检测方法之前，必须消耗一定的时间培养相关的微生物，改变原有微生物的惰性，使之成为活性微生物，这时候培养基所培养的阻抗性也会略微降低，但是其电导性会明显上升。此后，检测人员必须对其阻抗情况的变化进行详细的观察，同时对被检测的微生物进行详细的分析。阻抗法的优势在于检测效率较高。

（二）放射法

随着科学技术的不断提升，检测方法也随着不断地更新，尤其放射法是如今最新的一项检测方法，它的检测原理主要是将其物理原理与化学方法进行有效的结合，之后在检测过程里，首先进行细菌的培养工作，当完成培养之后需要对其进行相应的标记，之后出现一系列化学反应现象，合成一氧化碳，之后检测人员在对所合成的一氧化碳进行详细的分析，有效得出最终结论。这种食品微生物检测方法具有较高的准确性，同时所应用的范围是十分广泛的。

六、干片法

干片法与其他的检测方法有着很大的不同，它主要是将一些无害的高分子材料放在食品当中，有效地对食品中含有的微生物进行检测，该方法主要属于较为综合性的检测方法，是以微生物中含有的高分子作为基础的。这种检测方法相对来说操作较为简单，并且容易携带，所投入的成本也不是很高，这种食品微生物检测方法也是如今所有检测方法中最为常见以及应用最为方便的。

七、气相色谱法

气相色谱法是指在食品中经过水解、分离、提取以及甲基化等相应处理之后，微生物细胞将会被分解成好多种化学物质，这时候就能够充分地利用现在这种检测方法，得出相应的色谱，检测者就可以根据得出的色谱进行详细的分析，根据峰值来确定食物中微生物是否含有一定的致病菌，目前主要检测的细菌是酵母菌以及霉菌等，气相色谱法操作简便，且成本较低。

随着科技的迅速发展和社会的不断进步，人们生活水平有了显著提高，人们对食品质量的要求也在不断提高。为了促进社会的和谐发展，必须要高度重视食品检测工作，避免食物中含有对人身有害的微生物存在。检测人员应根据食品情况挑选最合适的检测方法，缩短检测时间，保证检测质量，为食品安全提供保障。

第三节　分子生物学在食品微生物检测中的应用

如今，食品安全事故不断出现，造成了极为恶劣的社会影响，严重侵害了消费者的合法权益，使人们在选择食品时存在极大的心理压力。在这种环境下，食品安全问题也就逐渐受到人们的关注和重视，食品检测的重要性逐渐凸显。当前，食品检测中开始利用分子生物学的方法，将食品中的病原微生物等进行准确检测。本节主要阐述与研究分子生物学在食品微生物检测中的应用，以供参考。

食品安全标准中规定，食品中不能加入危害人体健康的物质，食品的安全将关系社会的稳定进步以及人类的身体健康。食品安全是全球性的问题，人体健康在很大程度上都是由于食品引起的。因此，必须要科学检测食品中的病原微生物，及时发现食品中存在的安全问题，有效维护人民群众的生命健康。

一、分子生物学在食品微生物检测中应用的必要性

近年来，食品安全事件不断出现，地沟油、染色馒头、瘦肉精等严重危害人类的健康，社会公众对食品安全问题的重视程度也逐渐提高，特别是微生物污染食品的问题。食品在生产、运输、储存、销售等各个环节都有可能发生变质，出现食物中毒、食源性感染等污

染微生物。因此，必须要采取有效的检测方法做好预防工作。与传统的食品微生物检测相比，分子生物学的方法更加灵活、快速、可靠，有助于食品微生物检测工作的顺利推进。

二、分子生物学在食品微生物检测中的应用

（一）核酸分子杂交方法

这种方法又被称为基因探针技术，为DNA分析奠定了良好的基础，并得到了相关领域的认可。核酸分子杂交方法是利用配对原理，将适当数量的核酸单链进行退火，进而形成双链。核酸分子杂交方法能够准确地检测病性微生物，并不会干扰非致病性的微生物。

任何病原体都有核酸片段，工作人员对病原体进行分离或标记，制作出探针，利用有标记的探针就可以进行杂交工作，如果样品中有特定的病原体，就需要结合探针与核酸序列，通过特殊的方法测定标记物，明确病原体中的特定性。这种方法比较灵活，有极为广泛的应用。

当前，食品检测工作已有很多技术手段，有些研究人员利用沙门菌基因片段作为探针形式检测沙门菌，获得了很好的效果。还有人利用非放射性DNA探针手段，也能快速检测增生李斯特菌。

核酸分子杂交方法在学术领域获得了普遍认可，可以监测特异RNA，还可以检测任意一种微生物。核酸分子杂交方法在食品生物中也能充分发挥自身的优势。但也需要认识到这种核酸分子杂交方法还存在一定的不足，比如对人体会产生比较大的危害，操作比较烦琐、放射性同位素标记的核酸探针成本比较高，反应产生的废弃物比较难处理等，这就使得核酸分子杂交方法的商品化道路受到了限制。所以，还需要进一步优化非放射性标记探针，将探针信号放大，研究简单的杂交形式，使该方法更加简单、便捷。

（二）PCR技术

PCR技术是通过变性以及复性原理，在体外利用DNA聚合酶，在数小时中通过引物以及脱氧核糖核苷酸的作用对模板进行扩增，这种技术能够对DNA序列选择性的放大。因此，PCR技术在生命科学领域中有极为广泛的应用。并且在食品致病性微生物检测中也发挥重要的作用。一般食品微生物检测主要分为4个环节，即增菌、分离培养、生化实验以及血清学鉴定，通常要4天才能出结果。常规的检测方法缺乏灵敏性和特异性，检测结果无法有效指导生产。PCR技术的出现，使食品卫生检测迎来了好的发展前景，能将食品中的病原微生物快速、准确地检测出来。如今，分子生物学技术也不断进步，食品病原微生物检测中开始应用多样化的PCR方法，能缩短检测的周期，提升检测的灵敏性。常规的PCR技术检测中，由于PCR循环数、酶质量以及模板制备等情况的影响，在检测时，PCR技术会受到诸多因素的影响，使检测结果出现偏差。因此，必须要在检测过程中处理好相关影响因素，防止出现误差。

（三）基因芯片技术

基因芯片技术是利用显微打印等技术手段，将核酸探针固定在支持物的表面，并使其与标记样品杂交，对杂交信号进行检测，从而提高检测的速度以及准确性。基因芯片技术以芯片探针和样品中靶基因片段作为基础实现的特异性的核酸杂交。具体环节如下，先将在芯片表面放置各种基因寡核苷酸点样，对微生物进行处理，然后提取、扩增核酸，使用荧光素做好标记各种，使其与芯片上的寡核苷酸点进行杂交，再利用扫描仪以及分析荧光分布模式等对样品中是否含有特定微生物进行检测。核酸杂交与基因芯片的原理基本上是一样的，但基因芯片还需要依据检测需要对探针固化进行设计，并且只需要一次杂交就能检测出多种靶基因的信息，比较快速，准确性、精确度和灵敏性都比较高，这是当前鉴别有害微生物的重要方法。

当前世界经济逐渐实现全球化，食品的流通也逐渐加强，食品检测成为极为重要的工作，在食品检测中要注重检测的及时性、准确性。分子生物方法在食品微生物检测中有很好地应用，能明确食品中是否存在病原微生物，有效维护人体健康，避免出现食品安全事故。

第四节 食品微生物检测的质量保证

在我国全面推动经济建设的过程中，显著提高了广大人民群众的生活水平，也使得他们对于个人生活质量的要求大幅提高，特别是重视食品健康。所以，维护食品卫生安全是最大化的满足广大人民群众的生活需要，提升其整体生活质量的关键所在。食品微生物检测的相关工作人员必须要充分承担起微生物检测的重要职责，对检验工作进行质量保障，让人们可以吃到放心、安全和卫生的食物，推动我国食品行业健康发展。

微生物检测是对食物进行卫生检查不可或缺的工作内容，更是发现食品卫生安全问题的重要环节。在把食品加工生产出来之后，质检人员必须积极运用科学化的检验方法来评估食品卫生安全是否过关，通过保证检验质量和准确性为食品的生产者提供重要的工作依据。为维护食品行业的稳定持续与健康发展，提高人民群众的健康水平，必须重视食品微生物检测，提高检测质量。

一、食品微生物检测室的质量保证

要想提升食品微生物检测的质量，维护检测结果的准确性，首要条件就是要确保微生物检测室的设计能够达到较高标准，进而能够通过检测室质量的控制来提高整体检验的质量，这也是从源头着手做好检测质量控制的重要措施。食品微生物检测是必须要保证宽敞通风，与此同时，光线条件要充足，房屋内的地面、墙面等在设计可粉刷的过程当中都必须应用便于清洁的材料，以便在检验工作完成之后可以及时清理卫生。在室内房间设置上，需要结合食品微生物检测工作的具体需要，进行恰当的划分，建立专门专用的检验房间，避免交叉感染和新污染的发生，提高检测质量。无论是检验室还是准备室都必须要有纯化水的充足供给，同时必须做好水封性地漏。灭菌室要配置专门的灭菌设施，确保灭菌全面。

二、食品微生物检测室卫生质量保证

食品微生物的检测室必须要确保卫生质量合格达标，这样才能够在检验质量方面进行控制，维护检测结果的精准性。针对这一情况，必须要完善检测室的卫生标准，专门就检测室的卫生进行质量控制，确保各项洁净方法落到实处。第一，在完成食品微生物检验后，必须对检测室展开深度清洁，其中特别要注意每周要完成一次彻底清洁。假如检测实验有较长间隔的话，需要彻底清洁三次才可以再一次应用检测室，保证获得的检测结果准确。第二，在检验工作完成之后必须对各项物品进行归位，彻底清除实验过程当中的垃圾，并对操作台进行消毒整理。要注重用消毒剂擦拭此次检测工作当中的所有器材、墙面地面等，在擦拭器材设备时，必须要遵循从里到外和从上到下的顺序，保证消毒彻底的同时，避免出现污染。第三，要合理选择消毒剂。通常情况下，需要选择两种性质不同的消毒剂，并结合一定时间安排轮换应用。

三、食品微生物检测实验质量保证

在具体的微生物检测实验当中，做好质量控制是确保检测工作顺利完成的根本保障，而且检测实验的实施过程也是质量控制的主体过程。第一，微生物检测实验必须严格遵守和落实国家给出的检测标准，与此同时，要注意对食品产品的实际情况进行评估，完善企业食品的微生物检测程序，并在各项程序的约束和规范之下完成检测工作，做好微生物检测的规范化建设。第二，在配置相关试剂和培养基等的过程中必须要结合实际构建系统化的操作规范流程，使得各项实验操作都能够有一个规范化的标准作为依照。参与食品微生物检测实验的各个工作人员必须要将规范和流程聊熟于心，完善操作方法，做好相关检验记录。第三，微生物检测的各个试剂必须在合格有效的期限之内使用，对于过期试剂坚决不能应用，否则会影响到检测结果。第四，在实验检测的过程中，检测人员必须维护好检测的秩序，边实验边记录原始数据，而且要避免数据出现更改问题，保证检测报告的权威性。

四、食品微生物检验仪器质量保证

食品微生物检测工作要想顺利开展离不开专门的检测仪器，只有最大化的发挥这些检测仪器的功用才能够提高检测效率和质量，确保各个质量指标都能够合格。第一，早在选用微生物检测室当中的仪器设备时就必须要把控好质量，特别是要设置规范化的采购标准，严格根据这一标准来完成采购安装等一系列的任务，并在安装完成之后进行试用，之后对其进行彻底清洁。第二，要加强对仪器的管理工作，并将管理责任落实到专人身上，配备专门工作人员负责仪器管理，做好仪器的标志与检验，保证各项仪器设备都能够具备良好的工作状态。第三，每次检测工作完成之后都需要对这些仪器进行彻底的消毒与清理，同时也要做好日常的保养与维护维修工作，保证仪器有效运转。

现如今食品安全已经成了广大人民群众尤为关注的一个方面，而且以往的食品安全事件已经为人们敲响了警钟，只有做好食品质量与安全管理，才能够有效消除食品安全隐患，让广大人民群众吃到放心安全的食品。食品微生物检测就是查找食品安全隐患的重要措施，在具体的检测工作当中，必须注重多元方法的整合，保证规范的执行各个操作规程，落实检测工作职能，提升检测人员的总体素质，为人们健康食品的需求。

第五节　食品微生物检测人员的岗前培训

本节阐述科学的建立食品微生物检测人员岗前培训制度对于实验室的人员管理具有重要的意义，有利于加强对食品检测人员的管理，规范并提高食品检验机构的检测水平，提升政府对食品安全监管的公信力。

近年来，国家不断加强对食品检验机构的管理，出台《食品安全法》《食品检验机构资质认定条件》《食品检验工作规范》《食品检验机构资质认定管理办法》等一系列法规文件对食品检验机构的规定和要求，其中均要求从事食品检验活动的人员应持证，并对人员的能力水平提出一定要求。

实验室在检测人员上岗前，需确认其资格，除根据 CNAS-CL01-2006《检测和校准实验室能力认可准则》及其应用说明和《食品检验机构资质认定准则》等确认人员的教育背景和工作经历外，对人员进行上岗前和操作仪器设备的资格确认是批准人员正式从事检测工作的前提。在评审中常常发现，实验室不符合要求的根本原因是对人员的培训不到位。有些实验室虽能查到人员培训记录，但缺少培训的有效性评价或能够证明培训有效性的见证材料。本节主要探讨食品实验室应对微生物检测人员进行岗前培训的内容，如何验证培训的有效性。

一、岗前培训内容的确定

实验室明确对不同岗位的人员培训哪些内容才能使培训更有针对性，达到人员独立承担其检测岗位工作的目的。以下为食品实验室微生物检测岗位的划分、技能培训和考核，对检测人员进行检测特定项目人员的基本能力要求。

（一）基本要求

食品实验室微生物检测岗位要求所有检测人员必须熟悉无菌操作的要求。

（二）微生物样品制备

熟知不同性状样品的处理方法，熟练使用移液器、吸管等工具，具备无菌操作知识。

（三）培养基和试剂的质量要求

掌握微生物检验常见设备的使用，特别是高压灭菌锅和恒温干燥食培养基制备箱，熟识培养基的成分与分类、培养基 pH 的测定与调整、常用培养基的制备技术及其食品高压灭菌、过滤除菌等方法。

（四）掌握微生物检验基本技术

熟知菌落总数、大肠杆菌、粪大肠菌群、霉菌和酵母菌的检验方法。

（五）微生物卫生指标菌

熟知检测酵母菌、乳酸菌的国家标准和行业标准，了解食品微生物限量标准，熟练完成实验所需步骤和结果报告方法。

（六）食源性致病菌

掌握微生物检验基本技术，熟知食源性病毒检测的相关国家标准和行业标准，熟练完成检测实验步骤，掌握菌落判定方法，掌握生化实验和血清学实验方法。

（七）分子生物学检测

熟知转基因产品、动植物源性食品检测的相关国家标准和行业标准；熟练操作ELISA、PCR 等分子生物学检测技术。

二、食品微生物检测岗位人员通用能力要求

（一）掌握食品微生物检验

掌握常用器皿的种类、用途、清洁、包扎与灭菌；掌握食品微生物检验常用仪器设备的使用与维护保养，包括显微镜、培养箱、干热灭菌箱、高压蒸汽灭菌器、超净工作台（或生物安全柜）、水浴箱、离心机、冰箱和冰柜；了解实验室突发事件的处置方法：掌握检验废弃物的处理方法。熟练掌握无菌取样的方法和样品的均质方法；熟练掌握接种的无菌操作方法。熟练使用接种针、接种环、接种钩等工具；熟练掌握划线接种、浇混接种、涂布接种等接种方法；熟练掌握三点接种、穿刺接种等接种方法；熟练掌握倾注平板法、涂布平板法、平板划线法、富集培养法等分离纯化方法。

（二）培养基制备岗位人员能力要求

微生物培养基制备岗位人员应掌握微生物常用培养基和试剂的配制及其除菌方法。掌握培养基的成分与分类、培养基 pH 的测定与调整、常用培养基的制备技术及其高压灭菌、过滤除菌等方法。熟悉培养基保存条件和时间。掌握培养基质量控制的方法。

（三）食品卫生指标菌检测岗位人员能力要求

食品卫生指标菌检测岗位人员应掌握食品卫生指示学检验总则。熟知样品的采集、检

验、阴阳性对照的设置及报告的方法与过程，食品卫生微生物检验中常见检样的制备，大肠杆菌、粪大肠菌群、霉菌和酵母菌、乳酸菌的检测和相关的卫生标准、检验方法和结果报告方式。

（四）食源性致病菌检测岗位人员能力要求

食源性致病菌检测人员应熟练掌握沙门菌、金黄色葡萄球菌、志贺氏菌、单核增生李斯特、霍乱弧菌、副溶血弧菌和致病性大肠杆菌等的取样和检验方法；掌握可疑菌落的判定方法；掌握糖酵解试验、V-P 试验、甲基红、靛基质、硝酸盐还原、明胶液化、尿素酶、氧化酶、硫化氢和三糖铁等生理生化试验的操作方法；掌握 VITEK 的使用方法；掌握各种血清学试验的实验方法及意义。

（五）仪器使用要求

微生物检测人员应了解食品微生物自动化仪器的使用方法，包括全自动微生物快速鉴定仪 VITEK、全自动微生物总数和大肠杆菌快速测定仪器、全自动菌落计数系统、全自动微生物监测系统 BACTOM-ETER、全自动酶联荧光免疫分析系统 VIDAS 和 API 细菌鉴定系统等。

（六）积极开展职业安全教育，增强防护意识

通过开展检验人员职业安全教育工作，有效地控制微生物感染问题。要结合实际情况，完善防护制度体系，积极构建防护基础设施，合理布局，定期开展检验人员职业防护教育，在操作实施中，严格贯彻相应的操作规程和消毒要求，提升工作人员的整体防护能力。

三、岗前培训的实施

（一）选择培训讲师

培训讲师操作的正确性对被培训人上岗后的检测工作准确性有直接影响。为保证被培训人学习到的是正确的检测或操作，实验室应安排专业理论知识和实际操作经验丰富的人员为新进人员进行上岗前的培训，传授与实际工作相关的专业理论知识和注意事项，指导新进人员按照规范要求操作，帮助新进人员尽快掌握上岗所必备的相关知识和技能。

（二）有效的方式实施培训

对于实验方法的培训，被培训的检测人员首先应阅读经证实或验证的检测方法。培训人应和被培训的检测人员讨论实验方法和流程，以明确被培训人员阅读并理解了该操作方法包含的所有步骤。之后应允许被培训的检测人员实际观察整个实验方法的演示过程，并实习操作该实验方法。以培训沙门氏菌的检测方法为例，培训人首先让被培训人阅读《食品安全国家标准食品微生物学检验沙门氏菌检验》（GB/T 4789.4-2010）标准，重点了解并能说出实验的大致步骤和方法，如适用的选择的分离培养基、培养时间和培养温度、特

征菌落的颜色、生化鉴定的特征。之后培训人让被培训观察沙门氏菌检测的操作。在操作过程中，重点向被培训人演示讲解如何判断特征菌落、挑取特征菌落和划线接种。为被培训人讲解生化鉴定仪的使用操作方法、生化实验的操作和鉴定方法。观察几次实验室后，由培训人监督被培训人实习操作实验，并在过程中加以指导。实验的基础和关键步骤应多加练习，如划线接种的操作，不熟练的步骤应反复练习，直至被培训人可独立完成整个实验的操作。对于仪器操作的培训，被培训人首先应阅读仪器设备的说明书或 SOP，了解仪器设备的原理、性能和特点，之后培训人为被培训人演示仪器设备的基本操作方法，为被培训人讲解使用注意事项和软件操作等。在培训人的监督下，由被培训人实习操作仪器。以 VIDAS 的操作培训为例，在被培训人阅读仪器说明书或操作规程后，培训人为被培训人演示讲解仪器配套试剂条的使用步骤、VIDAS PC 系统的开启、标准曲线条码的输入、标准曲线校正和 Et 常样品检测。被培训人在实习操作时，培训人也应监督，以免错误操作导致仪器故障。在培训仪器操作步骤的同时，应强调设备使用记录的填写。并使被培训人初步了解设备的维护保养知识。

（三）培训有效性的验证

只有验证培训的有效性，才能确认被培训人员的能力，并使其在的检测工作中对出具的检测数据具备信心。培训有效性不能仅在培训记录中由培训人签字或简短叙述培训有效，而应通过具体考核，验证培训有效性。考核不能流于形式，提问或理论考试只能考核人员对相关知识的理解，但不能考察其解决实际问题的能力。对于检测或仪器使用人员只有通过具体操作才能验证其技能是否达到预期水平。

（四）食品分子生物学检测操作考核标准

除操作的考核标准外，实验室还应制定考核通过的标准，如以多少次实验考核结果证实人员已满足操作要求。

四、培训记录

人员培训记录应能真实反映培训的过程和结果评价。评审时发现很多实验室的人员培训记录过于简单，如只有 1 页表格，且反映的信息不够全面。

五、为食品实验室检测方法培训记录表的示例

注意应将实验的原始记录、打印数据或其他相关表格和文件附在培训记录表的后面，形成一份完整的培训记录，避免不符合工作要求的情况发生，及时采取纠正或预防措施。记录材料，并归档在人员技术档案中。

被培训人通过使用样品的一部分、核查样品、参考物质或质控样品，证实掌握培训的方法，需清楚描述培训内容，附相关表格或文件，如原始记录或打印数据。

第六节　基因芯片技术在病原性食品微生物检测中的应用

基因芯片技术在对病原性食品检测方面具有独特的优势,尤其是通过基因片段的检测,可以进一步检测出食品微生物中的病原体存在基因,本节主要对基因芯片技术在病原性食品微生物的检测中的应用进行相关分析探究.

基因芯片技术是伴随着人类基因修改计划而兴起的一种技术,而该种技术具有信息量大、操作简单、可行性强和效率高等优点。基于以上优点,基因芯片技术已经成为食品微生物检测当中必不可少的一种常用手段,如何将该技术应用于病原性食品微生物检测中已经成了当今食品微生物检测工作的重要问题之一,而基因芯片检测手段作为一种高效精准的检测方式,在对病原性食品微生物的检测过程中也有一些问题需要注意,笔者就基因芯片技术在病原性食品微生物的检测工作进行相关分析。

一、基因芯片技术概述

(一)概念

基因芯片技术是 20 世纪 90 年代才开始出现的一种以生物学为基础的检测技术,通过显微打印、固化技术将数以万计的 DNA 片段与探针,表现在相应的物体表面上,生成二维 DNA 排列组合,然后将该排列组合与相应的样品进行杂交,通过对杂交信号的筛选实现对微生物的检测。该项技术应用到了相应的信息技术,所以被称为基因芯片技术。随着生物工程技术的不断发展,该技术已经被应用到了食品安全检测当中。

(二)主要制备方法

基因芯片的主要制备方法有 2 种:①点样法。根据样品的特点从基因库中提取相应的序列,进行 PCR 扩增或者是直接进行人工合成,然后通过特殊的方法将这种序列进行大规模生产,将其固定在相应的样品板上;②原位合成法。通过人工合成,直接将基因序列直接固定到相应的样品板上。两种制备方法在使用过程中都具有高效、简洁的特点。但在基因芯片的制备过程中,一般选择前者,因为前者在有着更强的特异性。

二、在病原性食品微生物检测中的应用

(一)基本原理

基因芯片在病原性食品微生物检测中的应用,首先要清楚基因芯片的基本原理,其最主要的核心成分就是将各种基因寡核苷酸在物体表面点样,然后将微生物的 DNA 通过

PCR 技术进行扩增并标记，再与之前准备的寡核苷酸样品进行杂交，最终通过仪器来检测其中是否有病原微生物。基因芯片技术在应用过程中，由于其自身具有良好的操作性能常用于食品微生物的检测中，由于该技术的操作十分方便，大大提高了我国食品微生物检测工作的效率。

（二）样品的采集制备和 DNA 分离纯化

我国食品种类繁多，微生物分布也就更加的复杂，因此，利用基因芯片技术检测食品中的微生物时一定要首先解决采集样品以及 DNA 分离纯化问题。而近几年来的分离纯化技术主要包括 2 种：①利用金属氢氧化物，采用传统的分离手段；②顺磁珠分离纯化。但在我国一般通常按第二种技术来对 DNA 进行分离纯化，第二种技术有着简洁、方便、易操作等特点。尤其是应用在食品微生物检测过程中，它能够一次性地将 DNA 分离纯化出来，十分高效。

（三）病原性食品微生物检测步骤

①利用 PCR 技术扩增目的基因；②对基因芯片探针进行结构设计；③设计芯片。④待测食品致病菌样品处理；⑤样品杂交；⑥结果与分析。严格把控每个步骤的严谨性，才能够保证最终检测结果的准确率，同时也能够保证基因芯片技术合理、科学化的应用到食品微生物检测当中，提高食品微生物检测效率。

（四）应用

基因芯片技术应用到食品微生物检测过程中可一次性检测出所有潜在的致病微生物，也可以利用同一基因芯片对某一个病原性微生物的整体结构、整体功能、整体指标进行仔细的检测与分析，该技术在应用过程中具有非常高的灵敏度与特异性。基因芯片技术可应用到食品微生物各类检测工作中，准确地分析出食品腐败的原因，同时也能够准确找到腐败食品中其他方法无法检测出来的微生物，可以及时地反映出食品当前的状态情况，同时也可以通过对微生物的检测与分析，掌握食品腐败的真正原因。

三、存在的问题与展望

（一）存在的问题

相对于目前的基因检测技术发展而言，基因芯片技术属于一种新兴技术，具有快速、准确、灵敏等优点，同时在外界条件一致的情况下，可以进行大批量的检测，保证检测结果的准确度，能够有效提高食品微生物检测工作效率。但该项技术在目前发展过程中仍然存在很多问题：①该项技术在使用过程中需要昂贵的设备仪器作为支撑，也就导致该项技术在我国很难广泛地推广使用；②该项技术在开展过程中操作复杂，需要专业性特别强的人才，限制了该技术的适用范围；③在样品选取的过程中可能会造成样品污染，影响到最终检测的准确度；④样品标记与制备具有非常强的复杂性与随机性，容易导致每一个工作人员都会产生不同的结果。以上提到的这些问题都大大影响了基因芯片技术在食品微生物检测中的应用效果。要解决上述问题，相应的部门机构应该简化操作方法与手段，多进行人才培养，提供更全面的技术保障，研制开发出新型检测设备，降低操作难度，减少失误率。制定合理的质量控制标准，保证进术能够广泛地应用在食品微生物检查当中。

（二）未来的展望

纵观当前国内外基因技术的发展现状，笔者发现，该项技术在国外也是刚进入平台操作阶段，在国内更是处于刚起步状态，相信随着科技的不断发展，研究团队对该项技术不断深入研究，可以更好地保证技术本身的实用性，大大提高该技术的使用效率，使该项技术能够全面推广到我国的食品微生物检测工作中。

本节详细分析了基因芯片技术在病原性食品生物检测当中的应用问题，希望可以为我国的食品微生物检测工作的开展提供更多的帮助，快速推进基因芯片技术在食品微生物检测当中的应用。

第七节 ELISA 快速检测技术在食品微生物检测中的应用

食品安全问题直接关系到人民生命安全与健康。微生物指标是食品安全检测中的一项重要指标。文章就 ELISA 快速检测技术的原理与方法以及在食品微生物检测中的应用进行介绍，以期为从事相关工作的人员提供方法论支撑。

食品是人类生存的根本，食品的质量问题直接关系到人们的生命安全与生存质量。微生物指标与食品是否能安全食用密切相关，是影响食品安全和食用者身体健康的一个重大因素，通常评价某种食品是否安全可以通过检测食品中微生物的种类和数量判定。目前，食品微生物检测的快速检测技术主要有显微镜镜检法、琼脂平板培养法（这 2 种为传统快速检测技术），气相色谱法、免疫学检测法、传感器检测法、分子生物学检测法、抗阻测定法以及自动检测法（这 5 种为现代快速检测技术）等多种快速检测技术。为了更加详细的探讨快速检测技术在食品微生物检测中的应用情况，本研究以免疫学检测法中的酶联免疫吸附法（ELISA）为例进行说明。现报道如下。

一、ELISA 法的介绍

（一）作用原理

该方法检测原理是在确保不损坏抗原或抗体免疫活性的前提下将其放入固相载体中，然后对包含的待测抗原或抗体的受检样品按照规范步骤与原先放入固相载体中的抗原或抗体结合，二者反应后产生复合物，这种复合物与仍待检测的抗原或者抗体总量之间形成一定比例。最后对这个反应液中其他不需要的物质进行洗涤排出后放入酶反应底物，反应后底物会逐渐生成有色产物，然后对这些有色产物进行定量和定性分析就能够得出测试物的具体微生物含量。

（二）检测方法

ELISA 法进行测定时一般分直接与间接 2 种方法。其中直接法就是指标记抗体与固定抗原直接作用并放入底物后直接得出有色产物的方式；间接法则指的是待测样本抗体首先与已知抗原进行作用后，再放入酶标记物，酶标记物与免疫复合物作用后加入底物产生有色物质。另外，该检测方法还有多种改良方法，比如双抗体、双抗体夹心以及竞争法等。双抗体方法通常用于医学检测，竞争法则在食品微生检测中应用较多。

（三）影响免疫法结果的因素

ELISA 法测定时涉及酶底物、抗原、酶、交联剂等多种物质，这就意味着这些物质性质和质量对整个检测结果会产生直接或间接的影响。通常情况下，抗原对检测结果影响主要在于其包被质量上，所谓的抗原包被就是在聚苯乙烯微量反应板中固定上抗原的物质，其质量与检测结果有很大关系；酶底物在免疫检测中的作用是稳定反应呈色，防止有色物质变色。因此，若酶底物的稳定能力不足，则将直接影响反应有色物质的呈色时间，影响检测结果。当前选择的酶底物在 HRP 和 AKP 中选择不同，前者多选邻苯二胺，后者多选硝基苯磷酸盐；酶一般是使用 HRP 较多，而实际最主要的有 HRP、ARP 以及 GO 和半乳糖苷酶几种。

二、食品微生物检测中应用酶联免疫吸附法（ELISA）的概况

酶联免疫吸附法（ELISA）在食品微生物检测中主要用于检测食物中的真菌毒素、细菌以及介导病毒 3 个项目，具体检测步骤分析如下：

（一）真菌毒素测定

食品真菌毒素测定主要是指黄曲霉毒素 B1 的测定，测定的具体方法有反向直接竞争酶联免疫吸附法、间接竞争酶联免疫吸附法、直接竞争酶联免疫吸附法以及生物素亲和素酶联免疫吸附法等多种方法。实验结果证实，直接和间接酶联免疫吸附法对食品中的黄曲霉毒素 B1 的测定灵敏度高，具有更为简便、更加廉价和安全的特点，非常适合在一些经济水平较差的基层地区中使用。1996 年研究人员使用了单克隆抗体（专门用于抗黄曲霉毒素 B1）对常见食品（比如食用油、大米以及玉米等）中的黄曲霉毒素 B1 进行间接竞争法测定，并确定了专门的间接竞争测定法。实际测定结果显示，该方法测定是最低检出浓度达 0.01μg/g，精密度高达 2.0% ~ 24.3%，对某一地区的 1620 项食品样品检测结果中，其检出率高达 97%，而一些灵敏度比较低的方法根本无法检测出黄曲霉毒素 B1。所以也就意味着，酶联免疫吸附法检测食品中的真菌毒素效果非常显著，且价格便宜，可在多个

地区应用。

（二）细菌测定

食品中对人体健康影响最大的一类细菌为沙门菌，1996 年文其艺等多位研究者使用酶联免疫吸附法对 460 份食品进行检测显示，沙门菌的阳性率非常高的，甚至比国际上的标准检测方法阳性率还要高。可见，酶联免疫吸附法在测定食物细菌上结果非常可靠。1990 年一份研究报道显示，使用 DNA 探针技术和酶联免疫吸附法两种方法对大肠埃希菌内毒素进行检测后发现，酶联免疫吸附法的灵敏性和检出率以及检出时间均明显优于 DNA 探针技术。而在 1986 年研究人员使用酶联免疫吸附法对番茄酱中的霉菌进行检测发现，酶联免疫吸附法的灵敏性要远大于化学检测法的灵敏性。另外，还有研究者对鱼虾、蛋品等产品的霉菌进行检测，亦显示酶联免疫吸附法的检出率非常高。综上，酶联免疫吸附法检测食品细菌检出率非常高，值得进行推广。

（三）介导病毒测定

介导病毒测定主要针对一些食品从业人员进行测定以分析食品微生物病毒感染性质的方法。一直以来，酶联免疫吸附法都在食品相关人员的乙肝病毒感染监测中得以应用。且除了在这些最常见的病毒感染可疑人员进行测定之外，该方法还应用在克山病的血清监测中，主要是监测这类疾病患者血清中是否存在柯萨奇 B 组病毒，从而了解该病毒在克山病患者中的存在情况，有助于医护人员根据这些测定结果采取针对性消灭病毒，治愈疾病的方法。

总而言之，食品微生物快速检测方法非常多，在进行检测时应该选择效果更为明显且操作简便和价格便宜的方法，比如酶联免疫吸附法，真正提高食品微生物检出率，保障食品安全。

第八节　食品微生物检测中无菌条件的保持及几种常用检测方法比较研究

食品安全事故频繁地进入消费者的视野，食品安全越来越受到人们的重视，如何防治微生物污染而造成的疾病成为食品安全中最重要的问题。为提升食品微生物检测水平，提高食品质量，对食品进行微生物检测显得尤为重要。探究了食品微生物检测过程中如何减少操作污染对试验结果造成影响的各种注意事项，并比较了几种常用的检测方法，为准确选择食品微生物的检测方法提供理论支持。

近年来，成都饮用水菌落总数超标、广州抽检 32 类食品细菌超标、上海抽检冷饮大肠杆菌超标等，这一系列事件显示食品微生物超标问题已成为人们日常饮食安全的一大隐患，时刻威胁着人们的健康。德国专家称大肠疫情流行菌株可人际传染。因此，如何快速准确地检测食品中微生物是否达标已成为亟须解决的问题。

我国卫生部颁布了《食品微生物学检验方法微生物学部分 GB4789 — 2010》，食品微生物检验在标准化的发展轨道上越走越严格，更大程度地保障了人民的健康。这套标准规定检查的食品微生物检测项有菌落总数、大肠菌群计数、金黄色葡萄球菌检验等。目前我国质检部门主要检验的是菌落总数、大肠菌群及致病菌 3 个项目。

无论是定性分析还是定量检测，在食品微生物检测过程中保持样品无污染，操作环境及操作过程无菌是首要保证的条件。目前食品微生物检测有很多方法，笔者在探究了无菌操作的各个注意事项后，比较分析了几种常见的检测方法，以供人们面临不同检测要求时选择。

一、食品微生物检测无菌操作的注意事项

（一）无菌室的灭菌及无菌环境的保持

无菌室的室内温度需保持在 20 ~ 24℃，湿度在 45% ~ 60%。无菌间需定期打扫并消毒，保持无菌间的洁净度，且不得存放与实验无关的物品。每次使用前后都应关门紫外灭菌，时间不得少于 30 min。在实验前及操作期间不得随意进出，尽量减少空气传递带来的污染，无菌室的洁净度需达到 10 000 级。超净台在每次操作前后也需要紫外灭菌至少20 min，并打开吹风，保持超净台内洁净度达到 100 级。

工作人员用消毒液洗手消毒，在缓冲间更换专用实验服、鞋、帽子及手套。没有无菌手套时，在进入无菌室后用 70% 的乙醇擦拭双手，并用 70% 的乙醇再次对超净台台面进行表面清洁。无菌操作期间，不得说话交谈，以免口中细菌污染无菌环境。

（二）器皿用具的洗涤和灭菌

新购的玻璃器皿需用 2% 的盐酸浸泡至少 3 h，冲净后再灭菌。带菌的培养皿 121℃下灭菌 30 min 后，用清洁液清洗干净后灭菌备用。用过的玻璃器皿和处理过的新玻璃器皿用报纸包好后置于 121℃下灭菌 30 min，80℃烘干后置于超净台里灭菌后使用。打开包装后未用的器皿均不能放置后再用，需再次灭菌。

接种环和镊子等金属工具，需将镍铬丝环口等接触培养基的地方在火焰的氧化焰部位灼烧至红，然后将其余可能伸入试管或培养皿的部分均匀地通过火焰，冷却后进行接种。接种时，也需在酒精灯火焰周围进行，以保证无菌环境。

二、现代检测方法

（1）分子生物学检测方法主要有 PCR-DGGE 技术及基因芯片技术。将菌体的 DNA/RNA 提取出来，纯化后通过 PCR 技术进行扩增，获得的 DNA 片段在聚丙烯酰胺凝胶中分离开（即 DGGE 技术）。根据 DNA 片段的大小及条带的亮度确定菌体种类及优势菌种，也可大致了解某种菌体在食品中的含量。张文学等用 PCR — DGGE 技术还揭示了浓香型

白酒糟醅中真菌微生物优势菌群系统的发育规律。Tenover 利用 PCR 技术一次性快速检测出耐万古霉素肠球菌、耐甲氧苯青霉素金黄色葡萄球菌、耐多药结核分支杆菌等多种菌，极大地减少了实验量，更快速地检测出多种食品微生物。

目前，PCR 技术已发展出基因芯片技术，这种技术是将大量 DNA 探针原位合成为二维 DNA 探针阵列，快速并行高效地检测，以判定是否存在某种特定的微生物。

分子生物学检测方法近年来虽然发展迅速，但亦存在一些缺点：第一，有些细菌具有多操纵子，PCR 扩增时会形成部分不同的重复片段；第二，DGGE 对 DNA 片段长度有限制，且如果电泳条件不适宜，就不能保证每种 DNA 片段都能分开；第三，基因芯片的仪器和耗材都比较昂贵，且技术不易掌握。基于以上几种原因，目前应用最广泛的只有 PCR 技术，要真正实现大批量检测的准确定性精确定量，分子生物学检测方法仍有待发展。

（2）免疫学检测方法主要有酶联免疫技术、免疫荧光技术、酶联荧光免疫技术。酶联免疫技术（ELISA）自 20 世纪 70 年代出现开始就成为各类检测中应用最广泛的方法之一。这种技术是用交联了抗原或抗体的酶与样品中的抗体或抗原发生特异的免疫反应，通过底物反应后的颜色深浅来定性或定量分析样品中反应物的含量。由于选用的酶催化频率高，可以极大地反映方法效果，故这种技术具有很高的灵敏度。Lyer 等用间接 ELISA 法检测食品和饲料中镰刀菌，检测灵敏度达 102cfu/ml。

免疫荧光技术则是在抗原抗体反应原理的基础上，引进了荧光素，使得反应可以在检测器的监视下直观的被人们观察，且因荧光含量可以测定，故这种技术不仅能够定位反应发生的时间和场所，也能用于定量检测。黄愈玲等发现，沙门菌间接免疫荧光法比国标法更快速、简便，且阳性检出率未出现统计学差异。

近年，在 ELISA 技术和免疫荧光技术的基础上，发展出酶联荧光免疫技术。美国麦道保健系统公司推出的 VIDAS 全自动化荧光酶免疫测试系统，是在 Viteck AMS 基础上发展出来的第 2 代微生物自动检测系统。这种系统的检测流程约 1～2 h，同时能够一次对 30 个标本进行检测，实现了从读数、编码、解码和打印结果的鉴定全过程自动化。

（3）生物传感器法主要为流式细胞术（Flow cytometry，FCM）。FCM 技术是经荧光染色后的细胞受激光激发，产生散射光和荧光信号，检测系统识别不同波长的散射光和荧光信号，将单个细胞液滴分离，从而获取目的细胞的含量数据，以此来对样品进行定性定量分析。目前 FCM 方法在食品发酵工业、乳制品加工业、饮料类食品加工业、制药业、水质监测和化妆品检验中均应用广泛。

食品安全是人们健康生活的保障，食品微生物检验技术向高效、高标准、高灵敏度、高精度的方向发展是今后的必然趋势。笔者研究了检测过程中的无菌操作条件，为检测结果的准确性提供了操作保障，并比较分析了目前较为常用的几种检验技术，供研究人员根据不同的检测目的和检测条件选用适当的方法。各学科的不断发展都为食品微生物检测提供了理论和实践基础，学科间的交叉创新也为食品微生物检测的发展开拓了广阔的前景。可以肯定的是，人们的安全饮食意识在不断提升，各类检测技术也在不断完善，将来人们的饮食健康将更有保障。

第九节 SPR 传感器在食品微生物检测中的应用

表面等离子体子共振（SPR）是一种新兴的现代分析技术，它不仅可以实时监测分子间相互作用，还可以准确、灵敏、快速、简便的检测出各种生化指标。利用 SPR 检测食品中的微生物是近年来兴起的一个热门课题。本节简单介绍了 SPR 的基本原理，综述了 SPR 在食品微生物中应用的研究进展。

表面等离子体子共振（surface plasmon resonance，SPR）是一种基于物质折射率变化的动态、无标记的现代检测手段，具有高识别性、高灵敏性、快速、原位（无须标记）、便捷、实时、芯片可重复使用等优点，已被广泛应用于蛋白质组学、细胞信号传导、受体配体、癌症研究和新药筛选等生命科学领域。近年已出现了多种模式的 SPR 分析仪，其样品池由单通道发展到多通道，检测方式由点检测发展到成像（表面等离子共振成像，SPRI）检测，应用范围也由生命科学领域扩展到食品、环境、材料等领域。目前，SPR 已成功的测定食品中营养物、细菌和真菌、药物残留等物质，随着食源性疾病的频繁爆发，各种食源性致病菌及其毒素已成为 SPR 检测的主要目标。

一、SPR 基本原理

SPR 检测是一种利用表面等离子体波（surface plasmon wave，SPW）进行检测的技术。表面等离子体（SP）是沿着金属和电介质间界面传播的电磁波形成的。当平行表面的偏振光以称之为表面等离子体共振角入射在界面上发生衰减全反射时，入射光被耦合入表面等离子体内，光能大量被吸收，在这个角度上由于表面等离子体共振引起界面反射光显著减少。由于 SPR 对金属表面电介质的折射率非常敏感，不同电介质其表面等离子体共振角不同。同种电介质附在金属表面的量不同，则 SPR 的响应强度不同。基于这种原理的生物传感器通常将一种具特异识别属性的分子即配体固定于金属膜表面，监控溶液中的被分析物与该配体的结合过程。在复合物形成或解离过程中，金属膜表面溶液的折射率发生变化，随即被 SPR 生物传感器检测出来。

二、SPR 在食品微生物检测中的应用

近年来，随着国内外口蹄疫、疯牛病、禽流感、"瘦肉精"等重大食品安全事故的相继爆发，食品安全问题已成了全球关注的焦点，特别是食源性致病菌导致的食源性疾病已是当代全球食品安全面临的巨大威胁。食品的安全问题不仅直接关系到人类的健康生存，

也严重影响到经济的发展和社会的稳定。传统检测微生物的方法操作烦琐、耗时，已不再适应现代社会发展的需要，SPR 生物传感器为解决这一问题提供了新的技术平台。

（一）细菌病原体

1. 大肠杆菌 O157 ： H7（ Escherichia coli O157 ： H7，E.coli O157 ： H7）

自 1998 年 Fratamico 等应用 SPR 生物传感器检测了大肠杆菌 O157 ： H7 之后，许多研究报道了 E.coli O157 ： H7 的 SPR 检测。Oh 等将 E.coli O157 ： H7 的单克隆抗体固定在蛋白 G 修饰的商业化 SPR 传感器芯片表面，直接检测 E.coli O157 ： H7 的检测限为 10^4cells/mL。随后，他们将同样的抗体固定在巯基烷烃修饰的传感器芯片表面，使用同样的仪器直接检测 E.coli O157 ： H7 的检测限可达到 10^2cells/mL。Taylor 等应用波长检测型 SPR 传感器研究了芯片表面不同修饰方法对传感器性能的影响，将单克隆抗体固定在巯基烷烃修饰并氨基偶联化后的芯片表面，引入含有 E.coli O157 ： H7 的溶液，然后再引入多克隆抗体作为二抗，分别检测了细胞溶解后的细菌、热处理的细菌和未处理的细菌，其检测限分别为 10^4、10^5、10^6CFU/mL。Meeusen 等报道了应用 Spreeta SPR 传感器检测 E.coli O157 ： H7，将生物素化的 E.coli O157 ： H7 多克隆抗体固定在亲和素修饰的芯片表面，检测 E.coli O157 ： H7 可达到 $8.7×10^6$CFU/mL，耗时 35min。葛晶等利用大肠杆菌抗体的免疫吸附反应，使用集成化手持式 Spreeta SPR 传感器快速检测大肠杆菌 E.Coli O157 ： H7，采用亲和素 - 生物素系统放大检测的响应信号，并引入复合抗体作为二次抗体，使该传感器对大肠杆菌的检测限由 10^6CFU/mL 下降到 10^5CFU/mL。

Taylor 等应用多通道的波长检测型 SPR 传感器，采用三明治的方法检测了苹果汁中的 E.coli O157 ： H7。他们首先在传感器芯片表面修饰了乙烯基乙二醇的巯基烷烃，将其生物素化后，引入链霉亲和素，让其与芯片表面的生物素充分结合后，再将生物素化的 E.coli O157 ： H7 多克隆抗体固定在芯片表面，分别检测了缓冲液、4 种细菌的混合液及苹果汁中的 E.coli O157 ： H7。此外，他们还研究了苹果汁的 pH 值对传感器信号的影响，研究结果表明，苹果汁的 pH 值为 7.4 时的 SPR 信号比 pH 值为 3.7 的 SPR 信号强，在 pH7.4 的缓冲液和苹果汁中检测 E.coli O157 ： H7 的检测限为 $1.4×10^4$CFU/mL。Waswa 等分别应用 Biacore 2000 和便携式 Spreeta SPR 传感器检测了 E.coli O157 ： H7。先将 Biacore 2000 的芯片表面自组装一层羧甲基葡聚糖，将其氨基偶联化，再引入蛋白 A，然后将 E.coli O157 ： H7 抗体流经传感器表面，与蛋白 A 结合，使其固定在传感器芯片表面，直接检测巴氏消毒牛奶中的 E.coli O157 ： H7，检测限为 25CFU/mL；而应用 Spreeta 传感器，则将生物素化的 E.coli O157 ： H7 抗体固定在亲和素修饰的芯片表面，检测牛奶、苹果汁和牛肉中 E.coli O157 ： H7 的范围均在 10^2 ~ 10^3CFU/mL。Joung 等采用肽氨酸提高灵敏度的方法检测了大肠杆菌 O157 ： H7 的 16S rRNA。

2. 沙门氏菌（Salmonella enteritidis，S.enteritidis）

2001 年，Koubova 等报道了应用波长检测型 SPR 传感器检测 S.enteritidis。将 S.enteritidis 抗体固定在戊二醛交联的芯片表面，直接检测了热处理和乙醇浸泡过的 S.enteritidis，其检测限为 10^6CFU/mL。Oh 等使用商业化的 SPR 传感器检测了鼠伤寒沙门氏菌，先在芯片表面自组装了一层巯基烷烃，再将蛋白 G 固定在传感器表面，然后将鼠伤寒沙门氏菌抗体固定在芯片表面，直接检测鼠伤寒沙门氏菌的检测限为 10^2CFU/mL。随后，他们使用同样的仪器和同样的方法检测了副伤寒沙门氏菌，检测限也为 10^2CFU/mL。王凯等使用集成化手持式 SpreetaTMSPR 传感器快速检测沙门氏菌，他们利用亲和素 - 生物素系统保证检测的准确性；利用沙门氏菌抗体的免疫吸附反应，保证结果的特异性；并引入复合抗体作为第二抗体以扩大检测的响应信号，检测到鼠伤寒沙门氏菌的浓度为 10^5CFU/mL，耗时 1h。

Waswa 等应用 Biacore 2000SPR 传感器检测了牛奶中 S.enteritidis。先将传感器的芯片表面自组装一层羧甲基葡聚糖，将其氨基偶联化，再引入蛋白 A，然后将 S.enteritidis 抗体流经传感器表面，与蛋白 A 结合，使其固定在传感器芯片表面，直接检测巴氏消毒的牛奶中的 S.enteritidis，检测限为 23CFU/mL。2007 年，Mazumdar 等也报道了用商业化的 SPR 仪器，采用三明治的方法检测牛奶中的沙门氏菌。先将其多克隆抗体固定在硅烷修饰的憎水芯片表面，再将感染了鼠伤寒沙门氏菌的牛奶流经传感器芯片，培育 15min，然后再将二抗流经传感器芯片进行检测，其检测限为 10^5cells/mL。最近，Mazumdar 等应用 SPR 直接检测了被沙门氏菌污染的猪血清，其检测下限为 67.5μg/mL。

3. 单核细胞增生李斯特菌（Listeria monocytogenes，L.monocytogenes）

Koubova 等报道了 L.monocytogenes 的 SPR 检测，他们应用的是波长检测型 SPR 传感器。将 L.monocytogenes 的抗体固定在戊二醛交联的芯片表面，直接检测了热处理的 L.monocytogenes，检测限为 10^7cells/mL。Leonard 等则用 Biacore 3000，采用竞争模式检测了 L.monocytogenes。他们先将多克隆抗羊抗体固定在经过氨基偶联的羧甲基葡聚糖修饰的芯片表面，并将已知浓度的 L.monocytogenes 和兔抗李斯特菌的抗体混合培育一段时间，让其充分结合后，离心将细胞 - 抗体复合物与

自由的抗体分离，将含有自由抗体的溶液流经 SPR 芯片进行检测，其检测限可达到 10^5cells/mL。Taylor 等应用多通道的波长检测型 SPR，检测了苹果汁中的 L.monocytogenes。检测方法与他们检测 E.coli O157：H7 的相同，在 pH 7.4 的缓冲液和苹果汁中检测 L.monocytogenes 的检测限大约为 3×10^3CFU/mL。

4. 空肠弯曲杆菌（Campylobacter jejuni，C.jejuni）

Taylor 等应用多通道的波长检测型 SPR，检测了苹果汁中的 L.monocytogenes。检测方法与他们检测 E.coli O157：H7 的相同，在 pH7.4 的缓冲液和苹果汁中检测 L.monocytogenes 的检测限分别为 1×10^5CFU/mL 和 5×10^4CFU/mL。

5. 金黄色葡萄球菌（Staphylococcus a ureus，S.aureus）

2006 年，Subramanian 等使用 SR 7000，采用直接法和三明治法检测了 S.aureus，检测限分别为 10^7CFU/mL 和 10^5CFU/mL。Balasubramainan 等则使用溶解性噬菌体作为生物识别元素检测了 S.aureus。将噬菌体吸附在 Spreeta SPR 传感器芯片表面，直接检测 S.aureus 的检测限为 10^4CFU/mL。

6. 结肠炎耶尔森杆菌（Yersinia enterocolitica，Y.enterocolitica）

Oh 等报道了 Y.enterocolitica 的 SPR 检测。他们先在传感器芯片表面自组装了巯基烷烃，再将蛋白 G 偶联在巯基烷烃表面，然后将 Y.enterocolitica 的单克隆抗体固定在传感器芯片表面，检测 Y.enterocolitica 的检测限为 10^2CFU/mL。

7. 霍乱弧菌（Vibrio cholerae）

Jyoung 等同样用检测 Y.enterocolitica 的仪器和方法检测了霍乱弧菌，在缓冲液中的检测限为 4×10^5CFU/mL。

（二）寄生虫（Protozoan parasite）

2006 年，Kang 等报道了隐孢子虫卵囊的 SPR 检测。他们将 Biacore 2000 传感器芯片表面组装了一层巯基烷烃，并将链霉亲和素偶联在其表面，然后将生物素化的隐孢子虫卵囊单克隆抗体固定在传感器表面，在缓冲液中检测隐孢子虫卵囊的检测限为 10^6 卵囊 / mL。

（三）真菌病原体（Fungal pathogen）

Zezza 等应用 Biacore X，采用 DNA 杂交的方法检测了小麦中的大刀镰刀菌（Fusarium culmorum）。从样品中提取出含有 Fusarium culmorum 的特异性 DNA 片段，扩增后，注入固定有与其互补的 DNA 序列的传感器芯片表面，进行检测，其检测限为 0.25ng/μL。在 30ng 硬质小麦中，最小可检测出特异性 Fusarium culmorum DNA 0.06pg。

（四）毒素（Toxins）

在食品安全中涉及的毒素主要是由细菌、真菌和藻类产生的。

1. 葡萄球菌肠毒素 B（Staphylococcal enterotoxin B，SEB）

2000 年，Nedelkov 等应用 Biacore X，采用直接法检测了 SEB。将 SEB 抗体固定在经过氨基偶联后的羧甲基葡聚糖修饰的芯片表面，直接检测了牛奶和蘑菇中的 SEB，检测限可达到 1ng/mL。随后，应用基质辅助激光解吸电离飞行时间质谱检测了同样的样品，其结果与 SPR 结果一致。2002 年，Slavík 等使用光纤 SPR 传感器检测了 SEB，他们将 SEB 抗体吸附在戊二醛交联的芯片表面，直接检测缓冲液中的 SEB，检测限为 10ng/mL。Homola 等使用波长检测型 SPR 传感器检测了缓冲液和牛奶中的 SEB，将多克隆 SEB 抗体固定在经过氨基偶联的巯基烷烃修饰的芯片表面，在缓冲液直接检测 SEB 的检测限为 5ng/mL，三明治法检测缓冲液和牛奶中 SEB 的检测限为 0.5ng/mL。2003 年，Medina 应用竞争模式检测了 SEB，将 SEB 固定在传感器芯片表面，含有 SEB 的样品和已知浓度的 SEB 抗体培育 20 ~ 30min，离心分离，将上层液（未结合的抗体）流经传感器进行分析检测，在牛奶中的检测限为 0.3ng/mL。检测一个样品仅需要 15min。

2. 葡萄球菌肠毒素 A（Staphylococcal enterotoxin A，SEA）

Medina 等应用 Biacore 1000，采用竞争的实验方法检测了生鸡蛋中的 SEA。首先将 SEA 固定在经过氨基偶联的羧甲基葡聚糖修饰的芯片表面，将生鸡蛋溶液混合均匀后离心，取其上清液并加入 SEA 抗体，待其与样品中的 SEA 充分结合后离心分离，将上层液（未结合的抗体）注入传感器芯片，使用这样的方法，在整个鸡蛋中检测 SEA 的检测限为 1ng/mL。

3. 软骨藻酸（domoic acid，DA）

Lotierzo 等应用 Biacore 3000 检测了 DA，将分子印迹聚合物光接枝在芯片表面作为识别元素，以竞争的实验方法检测了 DA，在缓冲液中的检测限为 5ng/mL。2005 年，Yu 等应用 SPR 传感器检测了 DA，他们在缓冲液中的检测限为 0.1ng/mL。Traynor 等报道了贝类提取物中 DA 的 SPR 检测，他们将 DA 固定在经过氨基偶联的羧甲基葡聚糖修饰的芯片表面，以竞争的实验方法检测了蚌类、牡蛎和小贝壳中的 DA，检测限分别为 1、4.9 μg/g 和 7 μg/g。Stevens 等应用便携式的 Spreeta 2000 传感器检测了 DA，将多克隆 DA 抗体固定在缩氨酸修饰的芯片表面，检测缓冲液和蛤俐中的 DA，检测限为 3ng/mL。

4. 黄曲霉毒素 B1（aflatoxin B1）

2000 年，Daly 等成功的应用 Biacore 1000 检测了 aflatoxin B1，aflatoxin B1 被固定在经过氨基偶联的羧甲基葡聚糖修饰的芯片表面，以竞争的实验方法进行检测，在缓冲液中的检测限为 3ng/mL。Dunne 等使用单链抗体（scFvs）作为识别元素检测了 aflatoxin B1，对于单体 scFvs 和二聚体 scFvs 作为生物识别元素，在缓冲液中的检测限分别为 375pg/mL 和 190pg/mL。

5. 脱氧雪腐镰刀菌醇（deoxynivalenol）

deoxynivalenol 是由镰刀菌霉产生的具有强毒性的真菌代谢物。Tüdos 等成功的应用 Biacore Q 检测了缓冲液和小麦中的 deoxynivalenol，将 deoxynivalenol 与酪蛋白偶合之后被固定在经过氨基偶联的羧甲基葡聚糖修饰的芯片表面，deoxynivalenol 与其过量的抗体混合并培育一段时间后，流经传感器表面进行检测，在缓冲液中的检测限为 2.5ng/mL，其检测结果与液 - 质联机检测的结果一致。

SPR 生物传感器经过 20 多年的发展，已成为生化分析中备受瞩目的研究分析工具。近几年，随着分子生物学和分子免疫学的不断突破和仪器自身结构的不断改进，SPR 生物传感器在食品微生物的应用前景将更为广阔。各种单克隆抗体的不断问世，为 SPR 生物传感器敏感膜的多样性提供了可能。通过利用固定有不同单克隆抗体的 SPR 生物传感器，食品中各种微生物的鉴定及其含量的测定等都将成为现实。

结 束 语

随着社会生产技术的不断发展，食品的安全问题也越来越突出。食品安全不仅影响人们的身体健康，还关乎社会稳定与和谐。为了保障我国食品安全，食品检测技术也在不断创新与发展。本节主要阐述了我国食品检测技术的发展现状，并分析其发展趋势。

目前我国食品检测技术发展主要存在以下几个问题：

一、食品安全检测水平较低。当前人们对食品安全问题都非常重视，但在现实生活中，食品安全检测的水平却相对国外的水平较低，使得食品安全事故频发。比如：在农产品成长过程中使用过量的抗生素、激素和农药等，因此造成农产品污染严重。当人们吃到这些农产品时，就会出现健康问题。

二、食品检测的体系相对不成熟。我国的食品安全检测体系还不够成熟完善，没有统一的检测标准。在管理方面，部门众多，难以形成有效的沟通，并且有些食品检测技术标准还没有统一，相互矛盾和重复，使得执法部门不能顺利开展工作。

三、食品检测监督不力。食品安全检测中，部分职员并没有公平公正地进行监督，而是滥用职权，严重影响到了整个食品安全检测机构的风气。同时，食品生产的种类和数量较多，任务较重，所以在监督方面难免存在疏忽和漏洞，使得一些违规企业有机可乘。

尽管食品安全检测技术的发展过程存在着一些问题，但随着我国科学技术的不断发展，食品检测技术也得到了进一步的发展和应用。例如，食品检测技术体系逐步形成并不断完善。在未来的发展中，一方面，应不断研究食品安全检测新技术、新方法，促进检测技术高质量、低成本的发展，并使检测技术多样化。另一方面，不断研制创新更加方便、自动化的检测仪器，确保与检测技术同步发展，使食品安全检测仪器得到更广泛的应用，从而促使食品安全检测工作更加高效，食品检测结果也更加准确。同时，还应逐步制定和完善食品检测技术标准和相关规章制度，同时加强与其他技术的交流和发展，提高食品检测技术的综合性和协作性，促使食品检测技术更高效地完成检测目标。

现在人们对食品安全的关注度越来越高，促使食品检测技术不断发展，一批又一批的优秀人员也加入到食品检测技术的研发中。一方面，食品检测技术逐步向高精尖化发展，高技术的优秀人才投入到食品检测技术的研发事业中，可以有效实现自己的人生价值，保障我国食品安全的发展。另一方面，食品检测技术的研究与发展，需要一些新鲜思想的注入。而越来越多的优秀人才参与到食品检测事业的发展中来，表明人们的食品安全意识在不断提高，这对食品行业的发展具有一定的促进作用。

食品安全关系每个人的生命健康，受到广泛关注，而食品检测技术对人的身体健康发展起到了关键作用。因此，我国应加大对食品检测技术的资金投入，建立健全的食品安全检测机制，运用科学、有效的技术检测手段提升食品检测的准确度，同时吸引广大优秀人才投入到食品检测技术的研发与应用中，促进我国食品检测技术事业得到长远发展。

　　我国近年来在食品检测方面虽取得了较大的进步，但与国外发达国家相比还存在一定的差距。我国的食品检测特点是轻适用重研究，检测技术适用范围较小。究其原因主要是我国法律对于食品安全检测方面的标准有些达不上国际标准，限制了其检测范围。食品检测是居民健康的重要保障，只有将食品检测范围扩大，才能全方位的保障居民的食用安全。因此未来对于我国的食品安全检测还有较大的改善空间，要提高我国的食品检测技术。具体的措施主要有以下几点：一是完善检测体系，提高食品检测技术，在保证选择适合的食品检测技术的同时尽可能提高检测的准确性；二是完善食品检测分析体系，使食品检测技术灵活应用，并提高检测的时效性和检测报告的科学性；三是强化人们对食品检测重要性的认识，提高食品生产者的责任意识，保证检测在生活中无处不在，并加强我国食品安全法的落实；四是提高食品检测人员的责任感，对食品检测监督任务要尽职尽责；五是多组织与食品检测相关的活动，使人们参与到食品检测工作中，让人们可以更加了解食品检测技术，放心地食用食品。

参考文献

[1] 邓瑛，周乃元，邵兵 . 食品安全检测技术 [M]. 北京：中国劳动社会保障出版社，2012.

[2] 丁斌，姜霞 . 食品安全检测技术 [M]. 成都：电子科技大学出版社，2016.

[3] 高义霞，周向军 . 食品仪器分析实验指导 [M]. 成都：西南交通大学出版社，2016.

[4] 林峰，奚星林，陈捷 . 食品安全分析检测技术 [M]. 北京：化学工业出版社，2015.

[5] 刘斌 . 食品微生物检验 [M]. 北京：中国轻工业出版社，2013.

[6] 毛金银 . 仪器分析技术 供药品质量与管理、药品生产技术、食品检测技术专业用 第 2 版 [M]. 北京：中国医药科技，2017.

[7] 彭志英 . 食品生物技术导论 [M]. 北京：中国轻工业出版社，2008.

[8] 汪长钢，赵雪平 . 食品安全检测仪器分析技术 [M]. 北京：中国农业科学技术出版社，2018.

[9] 王德国，肖付刚，张永清 . 食品安全分析及检测技术研究 [M]. 北京：中国水利水电出版社，2016.

[10] 王世平 . 食品安全检测技术 [M]. 北京：中国农业大学出版社，2009.

[11] 王晓英，顾宗珠，史先振 . 食品分析技术 [M]. 武汉：华中科技大学出版社，2010.

[12] 蔚慧，张建，李志民 . 食品分析检测技术 [M]. 北京：中国商业出版社，2018.

[13] 吴晓红 . 食品接触材料安全监管与高关注有害物质检测技术 [M]. 杭州：浙江大学出版社，2013.

[14] 谢增鸿 . 食品安全分析与检测技术 [M]. 北京：化学工业出版社，2010.

[15] 杨继涛，季伟 . 食品分析及安全检测关键技术研究 [M]. 中国原子能出版社，2019.

[16] 俞良莉，王硕，孙宝国 . 食品安全化学 [M]. 上海：上海交通大学出版社，2014.

[17] 张海德，胡建恩编 . 食品分析 [M]. 长沙：中南大学出版社，2014.

[18] 张金彩 . 食品分析与检测技术 [M]. 北京：中国轻工业出版社，2017.

[19] 周巍 . 现代分子生物学技术食品安全检测应用解析 [M]. 石家庄：河北科学技术出版社，2018.